基于模型的 IMA 安全性分析理论与方法

孙有朝　李龙彪　著

U0196666

科学出版社
北　京

内 容 简 介

本书以基于模型的综合模块化航空电子系统(integrated modular avionics, IMA)安全性分析理论与方法为主线,深入探讨了 IMA 体系架构与设计特征、基于 FTGPN 的 IMA 建模方法、IMA 级联失效影响分析、风险传播机制、基于 GSPN 的 IMA 安全性建模方法以及基于模型的 IMA 安全性分析方法等内容,涵盖了 IMA 安全性分析理论方法与工程应用,给出了大型飞机典型 IMA 系统的安全性分析工程案例。

本书可供从事航空电子系统安全性分析、设计、制造、试验和管理的工程技术人员使用和参考,也可作为高等工科院校电子、自动化、航空、航天、民航等相关专业高年级本科生、硕士和博士研究生的学习参考书。

图书在版编目（CIP）数据

基于模型的 IMA 安全性分析理论与方法 / 孙有朝,李龙彪著.
北京 : 科学出版社,2024. 11. -- ISBN 978-7-03-079756-8

Ⅰ. V271

中国国家版本馆 CIP 数据核字第 2024Q9J758 号

责任编辑:赵敬伟 赵 颖 / 责任校对:杨聪敏
责任印制:张 伟 / 封面设计:无极书装

科 学 出 版 社 出版
北京东黄城根北街 16 号
邮政编码:100717
http://www.sciencep.com

北京九州迅驰传媒文化有限公司印刷
科学出版社发行 各地新华书店经销

*

2024 年 11 月第 一 版 开本:720×1000 1/16
2025 年 1 月第二次印刷 印张:12 3/4
字数:257 000
定价:98.00 元
(如有印装质量问题,我社负责调换)

前　言

综合模块化航空电子系统(integrated modular avionics, IMA)的安全性分析是一门多学科交叉的新兴边缘性学科,涉及基础科学、技术科学、信息科学和管理科学等诸多领域。任何航空产品和技术,尤其是高科技产品、大型复杂系统以及尖端技术的发展,均需要以安全性技术为基础。安全性已经成为衡量产品质量和技术措施的重要指标之一。20世纪80年代到90年代末期,是IMA安全性理论与工程发展的重要时期。在这一时期,全球范围内的研究人员和工程技术人员开始关注飞行器复杂系统的安全性问题,并逐步发展出一系列针对IMA安全性建模与分析的理论与方法。自21世纪以来,IMA安全性向着模块化、综合化、自动化、系统化、智能化的方向发展,形成了多学科交叉、渗透和融合的学科发展趋势。

本书是作者在多年从事IMA安全性理论方法与工程应用等教学与科研工作的基础上,经过凝练与整理完成的。全书重点围绕IMA安全性前沿理论与方法展开论述,内容涵盖IMA系统架构设计、基于FTGPN(fault tree & generalized petri net)的系统架构模型、级联失效影响分析、基于功能仿真的风险传播分析、基于GSPN(generalized stochastic petri net)的安全性建模以及基于模型的安全性分析方法等,结合大型飞机典型IMA系统进行安全性案例分析,强调基本理论与技术的系统性、融合性与前瞻性,体现了IMA安全性领域前沿研究的最新成果。

感谢国家自然科学基金、国家科技重大专项等对课题组IMA安全性相关领域给予的资助。参与本书相关章节撰写的还有南京航空航天大学可靠性与适航技术研究中心的曾一宁(第1章)、彭冲(第2章)、苏思雨(第3章)、郭媛媛(第4章)、杨海云(第5、6章)、徐滔(第7章)等。在撰写过程中,参阅了国内外同行专家、学者的大量科技论文、专著和手册等,在此一并谨致以诚挚的感谢。

由于作者水平有限,疏漏及不妥之处在所难免,敬请广大读者批评指正!

作者
2024年8月20日

目　　录

第 1 章 绪 论

1.1 航电系统的发展

航空电子系统(简称航电系统)架构主要经历了三个发展阶段：第一代，分立式航空电子系统；第二代，联合式航空电子系统；第三代，综合模块化航空电子系统。目前的航空电子系统的研制开发以第三代为主，如表 1.1 所示。

表 1.1 航空电子系统架构演变

	第一代	第二代	第三代	新一代
需求背景	采用简单的无线电技术实现基本的飞行导航和通信以及雷达功能，电子设备能力提高，功能增加，出现多功能显示和控制设备	电子设备能力提高，功能增加，出现多功能显示和控制设备，电传飞行控制系统出现	航电系统功能增加，已有总线不能满足要求，处理器/软件技术发展产生新的健壮性要求	性能要求的提升要求综合化进一步向前端延伸
主要特点	独立的物理设备，相互之间采用专线连接，显示器功能简单，飞机操作所使用的传动装置与电子系统无关	独立功能的各种机载设备之间通过数据总线互连，显示控制终端复用，数据和控制信息可以在总线上进行共享/交换	功能以软件方式驻留并共享公共处理资源和网络资源，综合化的显示功能，硬件模块和应用软件分区具有标准接口	出现传感器综合、射频综合、天线孔径综合、高度集成传感器预处理综合，统一航空电子网络
典型的飞机案例	B777 Smiths ELMS B777 Honeywell AIMS	Honeywell EPIC	B787/A380 航电结构 C919 A320Neo B737MAX	洛克希德-马丁 F35 等

1.1.1 分立式航电系统

20 世纪 40 年代到 60 年代前期，属于分立式模拟结构时代，此时飞机的航电系统功能采用了点对点的解决方案(point-solution)，即每一个功能均配置专属的传感器、效应器、作动器、模拟计算机及显示装置。在这种结构中，系统的主要单元通过硬线(hardwired)相连，并没有使用数据总线。这种结构的直接后果就是飞机上布满了大量的离散硬线，当需要改动时很难进行。此外，此类设备体积非常庞大、笨重，并且系统可靠性不高。采用这种体系结构的飞机有波音 B707、VC10

等，典型的分立式模拟结构基本框图见图 1.1(a)。20 世纪 60 年代中期，数字计算机技术不断成熟，航空电子系统开始集成数字计算机，航空电子系统的各个主要功能单元均具有自己的数字计算机及存储空间，此时进入分立式数字结构时代。但由于早期的数字计算机计算速度缓慢并且存储空间较小，很难进行再编程。这个时代的进步在于出现了数字数据总线 ARINC429 和 Tornado 串行总线，由于这些总线的出现，各个处理单元传输重要的数据信息成为可能，并且导航系统的性能大幅提升。采用这种体系结构的飞机主要有波音 B737、波音 B767 等。典型的分立式数字结构基本框图见图 1.1(b)。

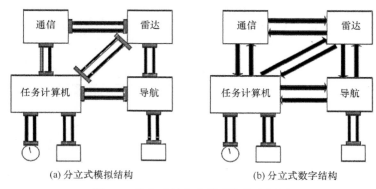

(a) 分立式模拟结构　　　　　　　(b) 分立式数字结构

图 1.1　分立式航空电子系统基本框图

伴随飞机承担任务的多样化及复杂化，越来越多的电子设备被安装到飞机上，并且设备的复杂性也在不断提高；飞行员面对的显示装置及操作装置同样在不断增多，操作也越来越繁复，特别是在需要飞行员快速反应时，飞行员几乎不能有效地操纵飞机。因此航空电子系统亟须一场变革来改变这种困境。

1.1.2　联合式航电系统

20 世纪 70 年代，伴随航空运行条件及飞行任务渐趋复杂，对航空电子系统的性能要求不断增加。同时随着航空电子系统规模与日俱增，机载电子设备类别不断增多，传感器、控制器、显示器等大量重复配置，使得航空电子系统串联研发的压力趋于饱和状态。研究人员逐渐关注各机载组件之间的互联互通，主要是依据任务的需要，将功能接近、彼此互联的组件实行横向融合，由此产生了联合式航空电子系统，如图 1.2 所示。这种结构通过采用若干个特定的处理器来执行航空电子系统功能，并且处理器通过任务计算机来进行管理，不同的处理器采用如 1553B 的串行总线进行互连。1553B 总线传输的数据需要通过总线控制器来进行统一调度。

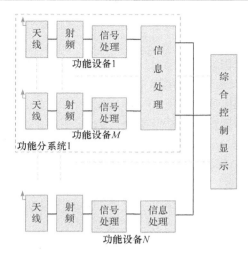

图 1.2 联合式航空电子系统基本框图

1.1.3 综合模块化航电系统

综合模块化航空电子系统的发展经过了三个阶段,其基本框图如图 1.3 所示。

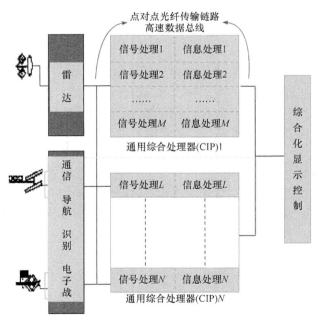

图 1.3 综合模块化航空电子系统基本框图

(1) 第一阶段:物理综合。这个阶段主要是由系统集成商提供功能软件,将传统的外场可更换单元(LRU)进行模块化的转换设计,使之成为外场可更换单元

(line replaceable unit, LRU),进而完成系统模块之间的物理综合,即在相同的机柜内实现模块之间的综合。

(2) 第二阶段:物理综合和部分综合。这个阶段使用模块化结构设计,部分功能由机架的集成商以及专业的模块提供商进行综合,采用串行的底板总线以及部分开放式机架、机箱结构设计。

(3) 第三阶段:物理综合和功能综合。该阶段采用了开放式的体系架构,对网络和 I/O 技术进行统一管理和布局,进一步提升了系统资源的共享,综合范围越来越大,层次也越来越深。

20 世纪 80 年代早期,美国空军莱特实验室提出了"宝石柱"(Pave Pillar)计划,该计划的目的在于解除联合式体系结构的局限性。该体系结构进一步增强了各个学科的横向联合,使航空电子系统的发展向电子化、模块化、综合化迈进。

20 世纪 90 年代,美国莱特实验室推出了一项功能更加完备,同时性能更加卓越的高度综合的航空电子系统计划,它是"宝石柱"计划的进一步发展,即"宝石台"(Pave Dais)计划。该计划的一项重要内容即是研究当前传感器系统综合化以及由此引发的系统体系结构变化,并且该计划采用了开放式综合模块化航空电子技术,商品化的产品和技术及"即插即用"的软件模块,以及统一的航空电子系统数据网络。

1.1.4 新一代航电系统

未来综合航空电子系统在考虑经济可承受性的基础下仍将向着更加综合化、模块化、通用化、智能化的方向发展,并且综合化航空电子系统的功能、性能以及可靠性、安全性、维修性、测试性、保障性、环境适应性和综合效能也将不断提升,其基本框图如图 1.4 所示。

(1) 综合化。

通过综合,航空电子系统的性能可以达到更高水平。它能最佳和最充分地利用各子系统的信息资源,最有效地完成设计者所赋予的任务。随着综合水平的提高,系统将具有更强的功能、更好的容错能力和对各种不同需求的适应能力。

(2) 模块化。

模块化是综合航空电子系统发展的又一重要特征。模块化是实现结构简化和综合化的基础,也是实现系统重构的基础。模块化航空电子系统的主要特征是结构分层。系统结构分层是综合化的关键,也是影响资源利用率的重要因素,在顶层设计时必须要折中和权衡系统结构层次。模块化是为了系统重构、扩张、修改和维护,可大幅度地提高可用性,保证飞机随时处于可以起飞的状态。

(3) 通用化。

通用化是指在系统中最大限度地使用相同类型的模块,以达到提高系统的重

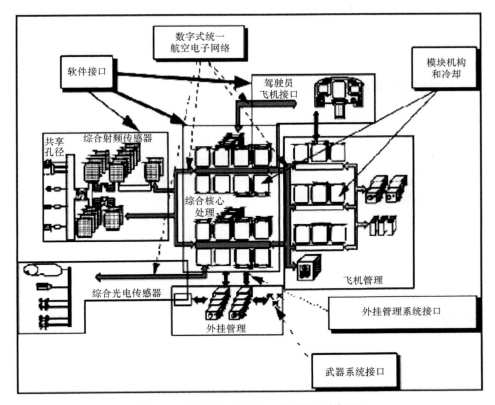

图 1.4 先进综合式航空电子系统基本框图

构能力、后勤保障能力和降低费用的目的。通用化是综合航空电子系统的一个重
要的发展方向，有助于加快航空电子系统的更新换代周期。实现通用化的核心是
要寻求航空电子系统在不同军种中使用的共性，建立一些通用的软件和硬件标
准。通过计算机辅助软件工程等手段，开发可重用的通用软件，将有助于提高软
件的生产效率，有效地缩短研制周期和降低成本。

(4) 智能化。

随着先进计算机技术的应用，智能化程度也将更高，新一代军用飞机应该是
一个具备高性能计算能力和高吞吐量的智能计算机网络，能够为驾驶员提供实
时决策咨询，对各种目标进行自动分类识别，为各种进攻武器实时提供所需的目
标参数、发射计算和引导控制等。智能化系统可减轻驾驶员工作量和心理压力，
并可弥补人脑在某些方面能力的不足。

1.2 IMA 工作原理分析

1.2.1 IMA 结构组成与功能分析

按照 ARINC 651 规范中对综合模块化航空电子系统(IMA)架构的定义,综合模块化航空电子系统由 IMA 平台和驻留应用程序组成,分区软件是应用程序和分区内基础组件的统称,如图 1.5 所示。其中,IMA 平台部分包括通用处理模块(GPM)、共享资源和核心软件,模块又包括硬件组件和基础的软件组件;与特定航空电子功能相关的主要是各种驻留应用程序,部分应用程序涉及与功能相关的专用硬件和接口。以下分别说明各个组成部分的功能和作用。

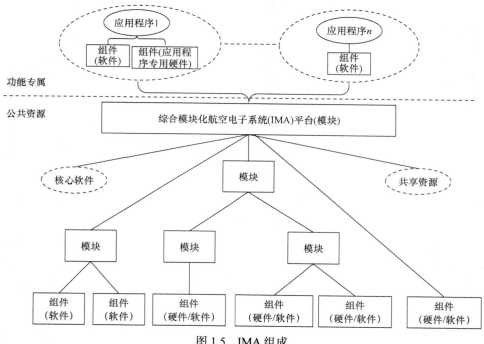

图 1.5 IMA 组成

(1) 应用:有时也称为应用程序,是配有一组特定接口的软件和/或专用硬件,应用程序在与 IMA 平台集成后,可以实现特定的飞机或者航电功能,例如飞行管理、通信管理等。需要指出的是,应用包括了应用程序软件,也包括了部分与应用和功能密切相关、具有专用接口的硬件组件。

　　(2) 组件：可独立管理的构型单元，可以是硬件和/或软件、数据库以及它们的组合。组件自身不具有飞机功能，只有按照特定的飞机或者航空电子系统构型进行部署和配置后才能组合形成特定功能。

　　(3) 核心软件：管理资源向应用程序提供执行环境的操作系统和支持软件。核心软件是平台的必备元件，通常由一个或多个模块构成。

　　(4) 模块：通常是指通用处理模块，是向应用程序提供计算资源的基本单元，并可在综合模块化航空电子系统中进行独立验收，模块通常包括公共资源的软件、硬件或硬件与软件的组合，为了向驻留功能提供分区环境和基础服务，其内部已经驻留了基础软件(如内核操作系统 Core O/S 等)。

　　(5) 平台：即 IMA 平台，是有机组合在一起的具有资源管理功能的模块或模块组合，其中包括管理模块资源的核心软件，这个模块的组合应该支持应用程序在平台上的驻留和运行，平台还需要向至少一个驻留应用提供计算、通信和接口功能等软件运行所需要的资源。IMA 平台自身不提供任何飞机和航空电子系统功能，只建立计算环境、支持服务和平台相关功能，例如健康监控和故障管理，IMA 平台可以独立于驻留应用程序进行验收。

　　(6) 资源：即 IMA 平台或应用程序使用的任何元件(处理器、存储器、软件、数据等)或组件。资源可以是实物资源(硬件部件)或逻辑资源(信息)，也可以是网络带宽或者处理器计算能力。一个资源可专属于某一特定应用程序，也可以由多个应用程序共享，在多个应用程序共享某一资源时，需要根据一定的规则(例如处理器周期、存储空间地址或通信带宽)进行资源分配。IMA 平台不仅具有共享资源的管理能力，并且具备健康监控和故障管理(HM/FM)功能，从而在为驻留应用程序提供共享资源(例如输入/输出设备、数据总线、共享内存等)的同时，支持共享资源的保护。

　　为了描述 IMA 及其如何利用共享的系统间资源，将以 Smiths Aerospace 研发的 Genesis 架构为例，Genesis 体系结构能够将大量航空电子功能集成在一个共享的平台资源上。如波音 787 梦想飞机上的"通用核心系统"(CCS)，最初有 20～25 个独立供应商的约 70 个应用程序驻留在 IMA 平台上，但最多能驻留 100 多个应用程序。

　　在 IMA 体系结构中，共享资源必须在驻留功能之间分配。驻留功能被分配给 IMA 平台资源以形成每个"功能"系统专用的体系结构，以满足每个驻留功能的可用性、操作、安全性和拓扑要求。驻留功能可以"拥有"专有的传感器、执行器、设备和非平台 LRU，这些 LRU 成为功能系统体系结构的一部分。多个驻留功能在"虚拟系统"环境中共享平台资源，该环境由作为平台设计一部分的分区机制强制执行。"虚拟系统"分区环境可确保驻留功能彼此隔离。平台设计可确保每个驻留功能在计算、通信和 I/O 资源方面的分配份额。在 Genesis 中，这些资源分配是预先确定的，并通过可加载的配置文件传达给平台组件，这些文件成为保证驻留功能资源运行的信息源。

在传统的联合式体系结构中，不同资源由不同供应商提供，而 IMA 体系结构中的 IMA 平台资源(计算、通信和 I/O)的共享水平高于任何单个航空电子系统。资源共享的边界已超出任何单个航空电子系统供应商的控制范围，并将管理这些资源的责任从航空电子供应商转移到了飞机系统集成商，这为飞机系统集成商提供了新的角色，并改变了航空电子系统供应商的角色。这种新范式需要一种新的资源管理方法，即"基于合同的模块化系统集成方法"。

1.2.2　实施推理方法

由于组成推理是 IMA 体系结构一个值得注意的方面，因此，有关 IMA 平台系统的安全性和认证的争论独立于驻留功能以及与该平台集成时形成的任何特定功能。尽管 IMA 平台系统可以单独开发，但驻留功能供应商必须考虑其对平台的依赖性，由系统集成商负责平台上驻留的所有功能的集成。

在 IMA 项目中实施的"假设保证"方法可以使用多种机制进行验证。供应商对于集成工作存在三个责任：

(1) IMA 平台系统提供商必须正式为驻留功能提供商标识属性；

(2) 驻留功能供应商必须在其安全和认证论据中正式验证 IMA 平台系统的假定属性；

(3) 飞机系统集成商必须确保所有假定的 IMA 平台系统属性均得到认证。

安全论据通常基于完全支持的安全性分析(即故障树分析和共因分析)。在 IMA 体系结构中，驻留功能安全性分析必须正式声明 IMA 平台系统的假定安全性。驻留功能供应商提供的数据不支持假定的安全属性。飞机系统集成商负责确保 IMA 平台系统供应商保证所有假定的 IMA 平台系统属性并提供适当的支撑证据。

认证论据与安全论据的处理方式相似。在传统的航空电子系统体系结构中，已定义系统中的所有需求都是独立开发和验证的。在 IMA 体系结构中，责任是分担的。驻留功能系统认证计划和报告未涉及 IMA 平台系统的开发和验证。驻留功能供应商必须简单地声明 IMA 平台系统的假定属性。驻留功能系统验证计划将不包括对假定 IMA 平台系统属性的验证。飞机系统集成商负责确保 IMA 平台系统供应商对所有假定的平台属性进行保证和验证。

这些有关安全和认证的讨论强调了在 IMA 平台系统供应商、驻留功能供应商和飞机系统集成商之间正式协调假设和保证的必要性。如果没有正式的协调统一，驻留功能供应商可能会假设 IMA 平台系统供应商无法保证该平台的安全性。在这种情况下，IMA 平台系统属性可能尚未验证，并且驻留功能系统可能在其安全性和认证参数所定义的安全范围之外运行。

在管理假设和保证时，可以通过许多不同的方式来满足形式。因此，在形式假设和保证的基础上提出"基于合同的模块化系统集成方法"。

1.2.3　基于"合同"的模块化系统集成方法

"合同"只是代表一种正式的沟通方式，可以在项目上以多种方式实施。IMA 平台系统供应商与驻留功能供应商之间的这种"合同"形成了一种正式的沟通模式，该通信模式描述了可以为驻留功能提供保证的 IMA 平台系统属性。

将所有 IMA 平台系统属性分为三类：

(1) 接口/服务定义(例如 API 定义、电气规定、信号规格、连接器引脚)；

(2) 接口/服务操作特性(例如完整性、可用性、分区健壮性、环境特性、限制和性能)；

(3) 资源分配(例如计算时间、内存、通信带宽、I/O 更新率)。

可以用明确的条款来制定合同，在这种情况下，IMA 平台系统提供商可以向驻留功能提供商和系统集成商提供"担保文件"。然后，驻留功能提供商可以在自己的文档中确定其 IMA 平台系统假设，并参考"保证文档"。系统集成商最终负责确保假设得到保证。这种保证可以记录在一个明确的顶级"承担保证合同"中。以最明确的形式，该合同应包含：

(1) 每个功能所依赖并假定的 IMA 平台系统和其他驻留功能的假定属性存在；

(2) 给定该功能的可能输入集，可以保证每个功能的输出。

在这种明确的方法中，必须在假设和保证之间显示可追溯性，以确保合同的完整性。合同约束系统交互，即合同实施的目的是约束 IMA 平台系统与驻留功能系统的交互。

1.2.4　系统交互验证

为了验证合同是否成功约束了系统交互，系统集成商必须考虑 IMA 用户系统对 IMA 平台系统和 IMA 用户系统对 IMA 用户系统的交互。依赖于 IMA 平台系统的静态特性(例如接口定义)的交互属性通过记录的可追溯性的方法来验证。IMA 平台系统的动态系统特性(例如性能或资源利用率)的属性更加复杂，因为它们由一组集成的驻留函数之间的集体交互决定。例如，对于共享通信信道的最大带宽利用率的验证是由对最坏情况的分析决定的，当所有信道发射机向通信信道加载业务时(相对于时域)是最坏情况。为了完成系统交互验证分析，系统集成商可能需要考虑 IMA 平台系统以及驻留功能的假设和保证。在此之前，主要关注由 IMA 平台系统提供的担保，但是驻留功能也构成了担保。使用 Bate 的术语，驻留功能可以根据其先决条件集(包括平台假设以及对其他驻留功能的任何依赖)来保证其后置条件。一组完整的假设和保证描述了所有驻留系统和平台之间的完整交互。

飞机系统集成商有责任分析整套驻留功能的所有前置条件和后置条件,以验证系统对平台和系统对系统的交互作用。对于驻留功能系统的交互,还应包括平台需满足的三类属性:

(1) 满足接口/服务定义(例如满足驻留功能之间的接口);

(2) 接口/服务操作特性得到满足(例如驻留功能的可用性和完整性要求得到满足);

(3) 资源分配得到满足(例如一组集成的驻留功能不会超过平台的内存或通信带宽)。

分析两个或三个驻留功能之间的系统交互可能相对简单,但是当系统集成商必须分析一组更大的驻留功能时,复杂性肯定会大大增加。例如,驻留 100 多个应用程序的波音 787 CCS,如此多的驻留功能之间可能发生的交互作用的数量和复杂性是巨大的。

第 2 章　IMA 安全性分析

2.1　引　　言

民用飞机总的要求是安全、舒适、经济、环保，其中安全始终是第一位的，适航标准就是国家对民用航空产品制定的最低安全标准。运输类飞机适航标准(如 CCAR 25、FAR 25、CS 25)是对民用飞机进行适航审定的基本依据。CCAR 25.1309 就规定了我国民用运输类飞机在设备、系统与安装方面的安全性要求。对于民用飞机在设计过程中如何满足 FAR/CS 25.1309 的要求，以及在适航审定过程中如何验证飞机的设计、制造符合要求，国外已经形成了较为完善的理论体系，提出了相应的适航符合性验证流程来评估飞机的安全性。我国由于飞机研制起步较晚，在从适航审定角度运用安全性评估程序和安全性分析方法对飞机系统安全性进行分析、评估方面的研究才刚刚起步，目前主要还是借鉴国外的一些分析、评估方法。因此，研究和探索国内外飞机的安全性设计、评估方法和流程，通过借鉴、引进国外在民机安全性设计、分析评估方面的先进理论，逐步完善我国飞机的安全性设计、分析、评估和验证方法，对我国全面开展飞机安全性分析、提高适航审定能力和飞机的安全性设计水平具有现实意义。

2.2　IMA 安全性分析的难点

就像人的"中枢神经"和"大脑"一样，航空电子系统在飞机飞行过程中主要起到信息处理、显示和控制的作用。除飞机材料和人机工效外，它是未来民机主要的研究方向。航空电子系统整个的演化发展过程分别经历了分立式、联合式和 IMA。IMA 具备高度综合化的特点，能够提升资源利用率及系统整体效能，被广泛应用于民用飞机(B787、A380 等)及军用飞机(Rafale 等)上。

IMA 包括 IMA 平台系统和 IMA 用户系统。通常狭义上的 IMA 共享资源系统实际上就是 IMA 平台系统。IMA 平台系统首先对信息处理、互连网络、传感器及终端系统等通过深度耦合和协同优化，从而进行综合。IMA 用户系统是指共享 IMA 平台系统资源并执行各种飞机功能的系统，如导航系统和通信系统等。与传统的联合式航空电子系统相比，IMA 在体积、重量、功耗、可维修性、可靠性和安全性方面都具有一定的优势，同时飞机的经济性也被大大地提高，在民用飞机的研制过程中发挥越来越大的作用。但复杂的系统结构以及高度综合化的特点也使得 IMA 安全性分析变得更加困难，IMA 安全性分析的难点如下所述。

(1) 如何根据 IMA 的特征建立安全性模型。

交互复杂性、动态复杂性、分解复杂性和非线性复杂性是伴随着 IMA 架构复杂性增加而衍生出的新特征。基于静态逻辑的安全性分析方法，典型的如故障树分析和故障模式与影响分析等，由于方法自身的局限性，难以对上述 IMA 的特征进行建模分析。因此，根据 IMA 架构特点，创建相应的安全性分析模型并进行安全性分析，是 IMA 安全性分析中亟待解决的问题。

(2) IMA 的级联失效。

由于 IMA 资源共享的特性引起故障传播，通常 IMA 平台系统共享资源的失效就能引发整个 IMA 级联失效，从而引起整个飞机故障。例如对于 IMA 平台系统某个组件故障，如果其故障引起导航系统失效，导航系统的失效可能又导致其他 IMA 用户系统(如显示系统)失效，这是 IMA 级联失效的问题。目前对于 IMA 故障传播的规律和特征认识不足，难以创建精确描述级联失效的模型对它进行安全性分析。因此，研究基于 IMA 级联失效的传播路径以及失效模型成为 IMA 安全性分析中亟待解决的问题。

2.3　IMA 安全性分析研究现状

2.3.1　系统安全性分析的相关适航规章

IMA 相关的适航规章涵盖系统集成、软件、硬件、数据总线等各方面，主要包括 FAA 等适航当局所制定的局方文件和航空业通用标准，其中主要的适航审定文件如图 2.1 所示。ARP 4754B 标准主要是明确飞机以及各个系统的研发过程中所需遵循的规则，例如系统的研制保证等级等一系列要求，而 ARP 4761A 主要是规定在飞机和系统的研制过程中所使用的安全性分析和评估方法，如对故障树分析(FTA)等传统的安全性分析方法进行详细的描述。

(1) RTCA DO-297。

在 ARP 4754B 基础上针对 IMA 的审定文件，根据 IMA 专有的设计特点，对如何取得适航进行详细的规定，同时为研发 IMA 的相关人员提供指导，其中包括贯穿整个研发过程中的 IMA 的研制商、集成商、适航审定申请人到 IMA 进行适航认证的人员。安全管理也必须以适航性为目的，如模块、驻留应用、IMA 集成和整机安装分步研制实施，即利用迭代式分层审批方法，其中每一个步骤批准都以前一个步骤的顺利获批为基础，最后获取民航当局的批准。

(2) RTCA DO-178B。

对机载系统和设备的软件开发需符合的适航要求，提出标准 DO-178B。其具

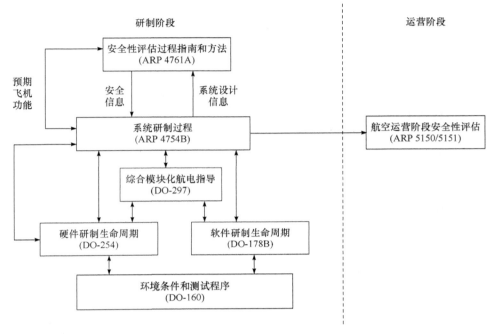

图 2.1　IMA 相关适航规章关系图

体过程为：适航部门规定飞机制造方或机载软件供应商需提供满足适航要求的相关证明资料，根据资料判断并验证所有软件的研制目标是否达到，同时判断是否符合适航规章的要求。所以，对研发过程的控制是软件安全性实现的关键。因此，标准 DO-178B *Software Considerations in Airborne Systems and Equipment Certification* 被提出。由于安装在机载系统或设备中软件与系统或设备紧密相关，并且是机载系统或设备中的一部分，标准 DO-178B 中规定软件的研制保证等级(development assurance level，DAL)，其具体定义同 ARP 4754B 标准的研制保证等级。DO-178C 是 DO-178B 的更新版本，其内容更具体和全面。

(3) RTCA DO-254。

与 DO-178 软件的适航标准对应，DO-254 标准是规定 IMA 硬件所满足的适航标准。DO-254 提供一个结构化的设计方法，此方法确保这些硬件研制保证等级合适，同时硬件的功能和安全性需求需要被满足。DO-254 标准是对可编程逻辑器件等复杂硬件研制过程提供指南，目的是规避在研制过程中出现的错误，并且达到要求的研制保证等级，同时使硬件系统满足适航要求。

(4) RTCA DO-160。

DO-160 标准是对机载设备所处的真实环境条件提供测试方法和手段，一方面可以在实验室中模拟飞行中机载设备所有遇到的环境条件，另一方面在这些条件下进行测试。本标准中的部分环境条件和测试程序不必适用于所有的机载设备，某些特殊的机载设备也可以选择其他合适的环境条件和试验程序。

(5) ARP 5150。

ARP 5150 *Safety Assessment of Transport Airplanes in Commercial Service* 和 ARP 5151 *Safety Assessment of General Aviation Airplanes and Rotorcraft in Commercial Service* 这两个标准是描述运营阶段运输类/通用飞机安全性评估的指南、方法和工具，目的是支持整个安全性管理项目。文中确定一种(非唯一)系统运营阶段安全性分析的方法。该标准不涉及安全性管理过程中与经济型决策相关的部分，而仅考虑安全性评估过程。另外，该标准仅关注评估过程中需要完成的工作，不涉及组织架构的确定。

(6) ARP 4754B。

ARP 4754B 定义的工程研制过程是一个典型 V 型过程，如图 2.2 所示。V

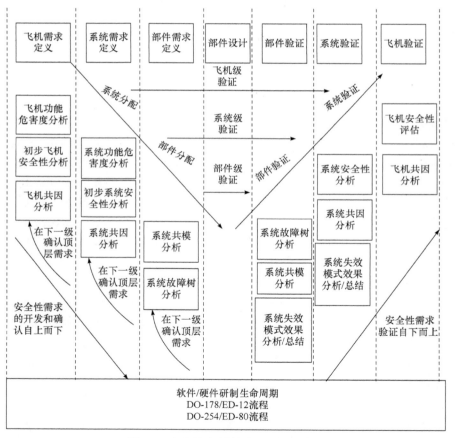

图 2.2　安全性和研制过程的相互关系

型图的左侧是系统需满足的安全性需求，右侧是对系统需要满足的安全性需求进行的验证。按照先后顺序对飞机级别和系统级别分别进行功能性风险分析 (functional hazard analysis, FHA)、初步系统安全评估(preliminary system safety assessment, PSSA)和系统安全性评估(system safety assessment, SSA)。共因分析 (common cause analysis, CCA)、共模分析(common mode analysis, CMA)和故障树分析(fault tree analysis, FTA)是整个需求分解过程中使用的主要安全性分析方法。

(7) ARP 4761。

传统的安全性分析方法如 SAE ARP 4754A *Guidelines for Development of Civil Aircraft and Systems* 阐述对于高度综合系统的安全性相关的考虑，并提出确保民用飞机系统在全寿命周期研制过程中安全性的分析流程；ARP 4761A 标准主要是详细描述民用机载系统及设备的安全性评估方法，例如功能危害分析、失效模式和效果分析、故障树分析、马尔可夫分析(MA)和共因分析等。

2.3.2　系统安全性分析方法研究现状

传统的安全性分析方法无法保证系统设计模型和安全性分析模型的统一，若对系统设计模型进行更改，相应的安全性工程师需要花费大量的时间去重新创建安全性分析模型。基于模型的安全性分析(model based safety analysis，MBSA)方法使系统设计与安全分析在同一个模型上进行，并采用形式化建模的方法，弥补了传统安全性分析方法的不足。本报告针对 IMA 安全性分析和评估中传统模型难以描述 IMA 复杂特征的问题，首先对 MBSA 的实现过程进行了阐述，其次对 MBSA 中的安全性模型进行了研究，对基于故障树、Petri 网、Altarica 语言、AADL(architecture analysis design language)、HiP-HOPS (hierarchically performed hazard origin and propagation studies)等模型安全性分析和评估方法的前沿理论进行了总结。

2.3.2.1　MBSA 实现过程

MBSA 是基于模型的安全性分析。具体的实现过程是：首先创建系统设计模型，然后基于此模型进行故障注入，并扩展系统设计模型为安全性分析模型，其实现过程如图 2.3 所示。

(1) 系统设计及安全性需求分析。

明确系统的架构及功能，进行需求分析，作为创建系统名义模型的基础。

(2) 系统扩展模型。

系统扩展模型由系统名义模型及失效扩展模型两部分组成。系统名义模型是对系统正常行为逻辑与物理架构的描述，IMA 利用 AADL 语言进行描述。

AADL 错误附件被注入从失效模式和影响分析(failure mode and effect analysis, FMEA)获取的失效模式、失效传播路径及失效概率、失效影响等,从而形成失效扩展模型,进行安全性分析。

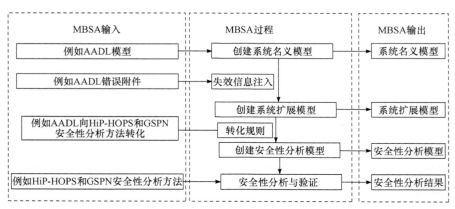

图 2.3　MBSA 实现过程

(3) 转换规则研究。

由于系统扩展模型用于表示系统架构、失效信息等,无法自动完成定量安全性分析,因此需要研究失效扩展模型向定量模型的转换规则,将上述(如 AADL)语言描述失效扩展模型转化为定量验证模型(如 HiP-HOPS 和 GSPN),以完成定量分析。

(4) 安全性分析模型。

将系统设计模型转换为安全性分析模型后,进行安全性定性或者定量分析。

2.3.2.2　基于模型的安全性分析方法

1. 故障树分析

在系统安全性分析中,故障树分析方法作为安全性分析方法之一,在工程中应用广泛。例如,王栋[1]将动态故障树分析方法应用于辅助动力装置(auxiliary power unit, APU)系统的分析中,可以呈现冗余系统的动态特性;王小辉等[2]应用故障树分析方法,对结冰探测系统中丧失结冰探测告警与指示功能故障进行分析,为结冰探测系统的设计提供了参考;陆峥和刘剑[3]通过构建故障树模型,对蓄意坠机中飞机驾驶舱遭遇非法控制的顶事件做了分析,找出飞机遭遇非法控制的薄弱环节,提出了一种改进的驾驶舱门控制流程和逻辑;闫锋等[4]将故障树分析方法和蒙特卡罗方法相结合,分析了航空发动机控制系统故障导致的发动机丧失推力控制的失效状态,为航空发动机控制系统的适航审定提供了一种方法;张艳慧等[5]运用系统安全性评估方法对某型号反推力系统的设计方案进行分析,构建了反推力装置空中意外打开的故障树，提出了系统架构的更改建议，为其他型号反推力系统的设计提供了借鉴；徐文华和张育平[6]及刘宇和刘永超[7]提出了一种故障树自动建模方法，能够提高安全性分析的效率和完备性，但安全性分析模型的建立较为复杂，同时由于传统的故障树手动建模方法在工程中已广泛应用，要完全替代故障树手动建模方法仍存在困难。

2. Petri 网

在安全性分析与评估方面，故障 Petri 网可以有效代替 FTA 进行分析工作，该 Petri 网可对最小割集的计算过程进行大大简化。具体而言，故障 Petri 网是利用 Petri 网的逻辑描述能力代替故障树的逻辑表达能力而进行系统可靠性、安全性分析建模[8]。特别地，将故障树中的逻辑门转化为等价 Petri 网逻辑表达形式就可完成故障树向等价故障 Petri 网的转化。其中，故障树的逻辑门(如与门、或门等)可采用 Petri 网的多输入变迁代替，如此可以很方便地将故障树转变为故障 Petri 网[9]。此外，故障 Petri 网被引入模糊数学理论，发展出故障 Petri 网的一种重要扩展型——模糊故障 Petri 网，该网络可有效解决系统中存在的逻辑不确定性，扩大了故障 Petri 网的应用范围。类似故障树，通过故障 Petri 网及其扩展型可计算系统可靠度、危险事件、危险故障发生概率[10-12]。

故障 Petri 网不能有效表示时间参数，也就不能有效描述系统元件由正常向故障状态演化的时间过程，因此该类 Petri 网仅适于系统静态逻辑的描述，在动态逻辑表达方面能力不足[13]。进入 20 世纪 80 年代后，由于复杂动态系统性能评估的迫切需要，随机 Petri 网理论诞生并发展起来，随机 Petri 网(SPN)主要着眼于系统状态及其动态变化，兼有图形化建模能力和数学计算能力，成为复杂系统调度、控制和性能评价研究的有效工具，其中 Molloy 提出的理论影响最大[14,15]。在 Molloy 提出的 SPN 中仅存在延时变迁，且每个变迁的分布函数为一个指数分布，SPN 的状态可达图同构于一个齐次马尔可夫链[16]。于是可利用马尔可夫过程的数学理论对 SPN 进行定量分析，从而获得系统的各状态概率，为系统可靠性、安全性提供指导。但 SPN 基于 MC 的求解方法存在两大缺陷：组合爆炸问题和系统所有组成元件故障概率必须服从指数分布[17]。对于组合爆炸问题，随着系统元件增多，系统状态将呈指数增长，此时 SPN 的同构 MC 将因数据量过大而无法被有效画出，更难以通过 MC 方法进行有效计算[18]；鉴于系统中各元件故障概率并不一定都服从指数分布，因而故障率必须服从指数分布的使用限制条件大大限制了 MC 方法的实用价值[19]。为缓解 SPN 组合爆炸问题，通过在 SPN 延时变迁基础上增加瞬时变迁和禁止弧发展了广义随机 Petri 网(GSPN)，由于 GSPN 的状态空间较相同问题的 SPN 有所减少(但仍不能避免组合爆炸问题)，因而得到了广泛应用[20]。

事实上，在大型复杂系统的模型中，虽然有的 Petri 网可以在一定程度上缓解组合爆炸问题，但目前 Petri 网应用的主要困难仍是状态空间的复杂性问题，它仍将随实际系统规模的增大而呈指数增长。因此，在 Petri 网的实际应用中，经常需要根据应用环境对 Petri 网模型进行修改和限制[21-23]。

3. AADL

在基于 AADL 的安全性分析和评估方面的研究，文献提出了基于 AADL 的危险分析方法，制定出从 AADL 模型到 DSPN 模型的转换规则，并实现了自动的模型转换工具，然后对 DSPN 模型进行仿真计算，得到危险的发生概率。文献[24]为可重构系统建立 AADL 模型，提出了基于系统安全性的动态重构方法，并将 AADL 动态重构模型转换为 DSPN 模型，利用 DSPN 模型对系统进行仿真，分析系统的安全性。针对电网电力信息物理融合系统(cyber physical system, CPS)的安全性，文献[25]将系统的正常运行与外部环境威胁刻画为相互博弈的过程，提出了基于 AADL 建模技术和双人博弈理论的安全性分析方法。文献[26]将概率模型检验方法和安全性分析方法相结合，通过制定模型转换规则，将 AADL 模型转换为 CTMC(continuous time markov chains)，并且能自动生成属性公式，然后基于概率模型的检验结果分析系统安全性。文献[27]基于 AADL 模型和概率模型检验提出了自动的系统安全性分析方法，将 AADL 模型转换为概率模型，通过模型检验评估系统的安全性，最后生成代码支持软件仿真，对安全性评估进行确认。该方法覆盖了从高级建模到代码生成的整个设计过程，从平台独立模型到平台描述模型，再到平台相关模型，其中平台独立模型由 AADL 软件构件刻画，平台描述模型由 AADL 硬件构件和 AADL 错误模型刻画，平台相关模型由 AADL 绑定属性刻画。文献[28]针对一类不确定性敏感的混成 AADL 模型，提出了一种基于统计模型检验的定量性能评估方法，扩展了混成 AADL 模型语义，制定了规则，将 AADL 模型转为 NPTA(network of priced timed automata)模型。文献[29]基于 GSPN 提出了 AADL 模型可靠性分析评估工具。文献[30]扩展了 AADL 属性，提出了基于 AADL 的 FMECA (failure modes effects and criticality analysis)方法，可以定性地分析系统安全性。文献[31]对 FMEA 进行了扩展，提出了基于 AADL 的安全关键嵌入式系统定量分析方法。COMPASS(correctness, modeling and performance of aerospace systems)是安全关键系统分析验证工具集，针对 AADL 语言的子集，在安全性分析方面支持 FTA 和 FMEA 分析方法[32,33]。以上这些方法都不是针对 PSSA 过程而提出的。文献[34]依据 ARP 4761 标准提出了基于 AADL 的安全性评估方法，包括基于 AADL 的 FTA、FMEA、CTMC 和离散时间马尔可夫链等，但是没有考虑如何将系统失效概率分配给子构件。

4. HiP-HOPS

HiP-HOPS 方法由英国约克大学的 Yiannis Papadopoulos 团队研发，基于功能失效分析(function failure analysis, FFA)、FMEA 和 FTA 等多种传统的安全性分析

技术，并支持对复杂系统从系统功能级到底层组件级的分析[35-37]。文献[38]研究了 HiP-HOPS 方法，并讨论了其自动综合故障树、组合 FMEA 以及系统可靠性与成本优化的功能。文献[39]对时间故障树进行了扩展，将 HiP-HOPS 方法和时间故障树进行结合并分析。由于 HiP-HOPS 方法只能对静态系统进行建模，文献[40]在此方法的基础上也进行了相应的改进，如扩展 HiP-HOPS 模型进行动态故障传播研究、将模型检查与 HiP-HOPS 结合起来进行安全性分析，以及在 HiP-HOPS 方法的基础上结合 Petri 网和贝叶斯网络进行动态系统的安全性分析。这些改进在一定程度上解决了 HiP-HOPS 方法不能进行动态安全性分析的问题，但对具有交互性和相关性特征的复杂 IMA 依旧不适用。

5. AltaRica 建模语言

基于 AltaRica 的建模技术研究项目始于 20 世纪 90 年代末。创建 AltaRica 语言的目的在于克服传统建模方法偏离实际系统的缺点，如故障树、马尔可夫链、Petri 网等。后来，在学术界和工业界的合作下，AltaRica 对系统的安全性评估能力得到了很好地加强，受到了学术界和工业界的高度重视。同时，许多公司已经在其重要项目中利用 AltaRica 来进行安全评估分析，主要包括阿尔斯通、道达尔、施耐德电气、法国电信等，AltaRica 已经成为欧洲工业界基于模型安全性评估的重要工具。软件安全性建模与分析研究[41]在我国刚刚起步，在国内从事相关研究的主要有国防科技大学、同济大学、电子科技大学、北京航空航天大学和一些与国防工业相关的研究机构等。从国内外研究现状来看，传统的系统安全性分析技术主要有：马尔可夫过程分析、故障树分析和失效模式影响分析[42]，这些分析技术可以提供高效的算法和工具，但使用这些形式设计的模型与所研究的系统的规格相差甚远。因此，难以在整个系统的生命周期中对它们进行设计和维护。为了解决这个问题，创建了高级建模语言——AltaRica。近年来，由于 AltaRica 语言的兴起，工业界在设计其安全关键系统时都会利用 AltaRica 语言对其进行安全验证，这在很大程度上降低了企业的成本。

AltaRica 语言是一门面向故障逻辑的建模语言，具有面向对象的可复用的特点，采用 AltaRica 模型可以真实反映系统的功能结构和系统运行机制。因此，国内外学者对其做了大量深入的研究，主要研究内容包括：文献[43]介绍了飞机液压系统的结构，并利用 AltaRica 与其他相关工具对其进行安全性建模分析；文献[44]主要介绍了 AltaRica 的卫士转换系统(guarded transition system，GTS)，阐述了如何将 GTS 模型转换为故障树的方法，即由状态/转换模型转换为一组布尔公式，然后结合相关的安全性评估工具对系统进行安全性验证工作；文献[45]介绍了新版本的 AltaRica 语言的语法构成以及系统建模的过程，利用 AltaRica 模型对系统进行安全性评估，体现了 AltaRica 数据流在不牺牲评估算法效率的情况下能够显著提高模型设计功能的特点；文献[46]介绍了采用形式化的方法对航空电子系统进行分层建模，并利用模型转换技术对模型进行转换，借助 AltaRica 语言的 SIMFIA 工具对其进行安全性建模与分析；文献[47]主要介绍了如何利用 SysML 模型在 AltaRica 数据流中构建半自动模型，提出了一种基于功能分析结果和风险分析结果构建 AltaRica 数据流模型的方法，并对两种语言的语义进行了研究和比较；文献[48]通过分析 AltaRica 语言与 AML 语言的语法结构发现，两者既有共同之处也存在不同点，共同之处在于它们都是基于状态自动机，而不同点是两者对系统的安全性分析方法各有优缺点，因此将两者的优点进行结合，更好地进行系统安全性发现；文献[49]首先提出了 AltaRica 形式主义的一个时间扩展，然后用时间扩展了 AltaRica 的语义，并定义了边缘组件和时间节点；文献[50]介绍了 Humbert 在 2006 年提出的建模方法，基于此工作，通过考虑更复杂的系统来定义 AltaRica 机械和流体力学系统模型的新抽象来改进这种方法；文献[51]介绍了空客和 Onera 使用 AltaRica 正式语言和相关工具进行安全评估，同时说明了以往在电气和液压系统研究过程中吸取的经验教训；文献[52]描述了 s2n 工具，它可以建立一个从 spin 到 NuSMV 的桥梁，使用 s2n，用户可以根据需要选择合适的方法来构建和检查他们的模型；文献[53]提出了一种分析 AltaRica 模型的新方法，该方法是基于对模型检查器 NuSMV 的扩展版本的转换；文献[54]提出了一种基于 AltaRica 的实用安全建模方法，该方法包括信息采集、模型构建和模型验证三个阶段，以建立一种更加结构化、系统化和高效的方法，每个阶段都有详细的流程，最后，以某液压系统为例，说明了如何将安全建模方法应用于实际工程中；文献[55]以某型直升机涡轴发动机控制系统的某一部分为研究对象，对直升机涡轴发动机初步系统进行安全评估分析，并从中得到软件功能需求方法，使用 AltaRica 进行建模分析，从系统故障传播模型中提取功能故障路径；文献[56]提出了利用 AltaRica 语言建立受一阶和二阶安全机制保护的电气和电子系统模型，阐明了该模型有助于分析系统的行为以及确定更简单模型的有效性领域；文献[57]扩展 SysML 模型，并转化为 NuSMV 模型，对 IMA 平台系统的关联故障路径影响进行了分析；基于模型转换原理，文献[58]将 SysML 模型转化为 AltaRica 模型后，利用 UPPAAL 模型检测工具对刹车系统的功能需求进行了验证，同时，基于 AltaRica 自动生成的故障树，利用安全性分析工具 XFTA 验证系统的失效概率；徐文华[59]对利用 SysML 语言描述的 IMA 架构模型进行扩展，并结合 AltaRica 中的断言机制来描述故障传播过程，提出一种基于此模型的故障树自动建模方法。

2.3.3 IMA 的安全性分析方法研究现状

本节针对 IMA 安全性分析和评估中传统方法难以分析 IMA 级联失效的问题，对 IMA 级联失效展开研究，并对 IMA 安全性分析与评估方法研究现状进行了详细阐述。

2.3.3.1　IMA 级联失效的研究

级联失效是设备故障之间的传播，是一种特殊类型的共模失效，其中单个事件(本身不一定是危险的)可能引发一系列其他失效。级联失效不是单点故障，也不是多个并发故障的发生，而是系统/网络中的组件故障通过正常的系统动态或行为引起其他组件故障的事件[60]。级联失效场景是一种初始失效会导致后续失效，或由于直接影响(例如，发生故障的组件撞击或烧毁另一个系统组件)导致后续失效可能性提高，或由于间接影响(例如，最初的失效等)增加其他系统元件的工作负载。级联失效被认为是"低概率高后果事件"[61]。"经典"级联失效的特征是故障快速传播。但是，即使故障传播在较长的时间范围内扩散，也必须考虑最终导致危险情况的因果事件链。此外，触发事件可能是永久性故障或暂时性故障。因此，时间因素是级联失效的重要属性，需要在分析中考虑[62]。

国内外对 IMA 级联失效的研究较少，文献[63]针对飞机系统提出了原因模型影响分析(cause mode effect analysis, CMEA)方法和事件树分析(event tree analysis, ETA)方法，这两个方法能够比较直观清楚地展示级联失效发生的过程，但应用在交互和耦合复杂的 IMA 上具有一定的局限性。Biswaws 采用关系矩阵(relational matrix, RM)和级联失效矩阵(cascading failure effect matrix, CFEM)的方法对现代飞机系统进行级联失效分析[64]。文献[65]将 IMA 相依组件之间因变更增加的安全性需求看成一种特殊的失效，并以合同形式进行解决。文献[66]针对故障传播问题，首先对常见危害分析的内部机制及限制进行研究，其次基于初步危害分析的思想提出了一种 SISPHA 方法，并将其应用于 IMA 设计方案上，为进一步安全性分析和设计提供支持。文献[67]为集成的复杂系统提供了正式的规范和风险评估方法，并以 IMA 为案例说明了所提出方法的有效性。文献[68]针对 IMA 结构全面而有效的评估，提出了一种矩阵形式的风险评估方法。通过计算矩阵，该方法可以从潜在的资源故障角度考虑级联影响，从而提供 IMA 结构的定量评估，并提供了一个 IMA 的示例。文献[69]提供了一种新的逻辑透视缺陷识别(logic-perspective flaw identifying, LPFI)方法，该方法基于一种系统理论的事故模型和过程(system theoretic accident modeling and processes, STAMP)的高级事故因果模型，其中安全被视为控制问题。LPFI 主要关注多个控制器、执行器和传感器之间的协作问题，其中完整性、一致性和顺序性逻辑缺陷被视为影响系统安全性的三种主要缺陷。LPFI 从逻辑角度对 STAMP 框架下的 STPA 进行了补充。文献[70]考虑到 IMA 复杂系统的特点，基于熵和耗散结构理论，从故障隐患、人为错误、危险特性和致命环境等方面对复杂系统的安全性进行了研究，提出了系统安全熵的概念，建立了系统安全熵模型。文献[71]针对 IMA 中功能关联，以及软件和硬件的交互导致的故障传播问题，提出了一种新的用于 IMA 的安全性分析方法，该方法通过使用遍历算法进行模型检查，可以有条理地搜索所有系统状态，该分析过程的使用可以自动化，并且可以减少对专家经验的要求。文献[72]讨论了系统固有拓扑结构和统计特性对故障传播的影响，建立故障传播模型，并将故障传播强度定义为考虑网络统计信息的节点之间边缘的权重，通过定性故障传播分析，得出了故障传播和关键节点的最高风险路径，最后通过应用实例说明了所提出方法的实用性和有效性，可作为安全评估和故障预防的重要依据。为实现 IMA 的级联失效的动态评估，上海交通大学的吴禹倩等[73]提出了一种基于运行过程状态的安全性分析方法，并通过状态机建立面向运行过程的分层系统功能框架，在分别设计级联失效因果动态搜索算法和级联失效因果树结构的基础上，以组合的方式描述故障传播。但上述方法均未对 IMA 的跨空间传播机制形成统一的描述方法。

IMA 平台系统架构的失效会影响到共同使用相关资源的所有 IMA 用户系统。IMA 平台系统直接引起 IMA 用户系统的失效称为"主要影响"，而失效共享资源产生的二级影响通常由受共享资源影响的 IMA 用户系统直接影响其他 IMA 用户系统，进而不停地迭代，从而影响到多个 IMA 用户系统的功能。施志坚[74]提出组合失效的 IMA 安全性分析方法。上海飞机设计研究院的冯臻[75]提出用共模分析，对 IMA 进行安全性分析。但上述方法均未考虑 IMA 的交互性和耦合性，只是提出了一些工程化的对 IMA 级联失效的分析方法。

综上所述，常用的安全性分析方法对于 IMA 级联失效影响的分析能力明显不足，难以全面、准确地掌握和描述。

2.3.3.2　IMA 安全性分析方法研究现状

对于系统安全性问题的理论研究主要是基于 STAMP 及系统安全性举证(safety case)研究。2002 年，STAMP 方法被美国麻省理工学院的 Nancy G. Leveson 教授提出，该方法不仅分析传统的事件链，而且还包括组件交互导致的危险[76]。Leveson 在 STAMP 理论的基础上提出基于系统理论过程分析(system-theoretic process analysis, STPA)[77]。让涛利用基于 STPA 的方法，对 IMA 组件之间可能存在的交互危险进行分析，并识别出 IMA 的潜在危害行为[78]。文献[79]对系统安全性举证进行研究，通过对证据的论证来验证系统安全性是否满足要求。文献[76]利用 STPA 识别 IMA 平台系统内由于软件应用程序之间的交互而导致的危险行为。此方法的缺点是 STAMP 或 STPA 模型的创建是基于分析人员的主观判断和对系统解的深度，不能形式化地描述过程模型。王鹏等[80]利用安全性举证理论对平视显示系统创建安全性评估模型，同时使安全性目标与安全性证明材料间的关系可追溯，却无法对整个 IMA 进行形式化建模。李骁丹等[81]仅从软件可靠性的角度对综合模块化航空电子系统进行了研究。

　　尽管设计研究人员已经认识到传统航空电子体系架构与 IMA 的差异，但只有相对较少的研究直接关注于 IMA 的安全性分析。Conmy 与 McDermid 提出通过相关的引导词来表示组件/功能与预期行为的偏差，针对 IMA 通用功能的每个偏差，依据 IMA 资源生成一组原因，并提出安全策略[82]。除此之外，Conmy 和 McDermid 还提出一种基于合同的方法，使相互依赖的 IMA 平台资源为 IMA 用户系统提供行为 "合同" [83]。然而 Conmy 和 McDermid 所提出的方法只关注 IMA 的失效或故障的操作模式，并不处理 IMA 平台系统的组件交互作用造成的危险行为以及与 IMA 用户系统相关的故障传播和级联失效问题。Fleming 与 Leveson 将系统理论过程分析方法应用到 IMA 危害分析中，主要研究分析部分组件交互、数据耦合带来的危险，但不适合大规模系统的危害性分析[84]。

　　国内方面，目前对 IMA 的研究主要分为两个热点，一是合理的资源配置，二是关联、耦合以及级联失效的研究。南京航空航天大学计算机学院主要针对各种建模的工具进行改进，从而优化资源配置，并对资源配置进行安全性分析和评估。中国民航大学王鹏团队主要是对 IMA 进行动静态相结合的建模，并进行安全性分析。北京航空航天大学赵廷第团队主要是对 IMA 共享资源耦合、关联以及级联失效机制进行研究，最后实现最优的资源配置。电子科技大学和西北大学主要基于 IMA 平台系统的工作原理(如信息交互)进行研究，如用到标准 ARINC 653。

　　西北工业大学张安莉利用动态故障树与随机 Perti 网相结合的方法，对 IMA 进行可靠性建模与仿真分析研究[85]。同时，西北工业大学的刘晓斌和朱岩利用随机 Petri 网对 IMA 进行建模和仿真，并对其性能进行安全性分析，但创建 IMA 的广义 Petri 网模型需要对 IMA 做较大的简化，这个过程会使 IMA 失真[86,87]。此外，手动创建 Petri 网模型比较复杂，容易出错。中国民航大学团队对 IMA 进行了可靠性、安全性和适航性研究，如利用 AADL 和广义随机 Petri 网对 IMA 平台系统进行建模仿真，并进行可靠性分析。赵长啸等[88,89]利用安全性例证的方式对 IMA 进行安全性分析和评估，创建安全性目标与安全性证明材料之间的溯源关系，同时系统安全目标被安全证据满足的过程详细阐述。南京航空航天大学计算机学院基于形式化模型对 IMA 的资源配置以及安全性分析验证进行研究，如张潇提出基于约束的 IMA 资源分配及验证方法，并对故障传播模型进行安全性分析，从而判断分配方案是否满足安全性需求[90]。邢逆舟提出基于模型驱动的航空电子系统资源配置信息安全性分析方法，同时基于 AADL 语言和 AltaRica 语言建立故障模型，并利用 SimFia 工具自动生成故障树[91]。郑红燕将动态故障树方法应用到 IMA 核心处理系统的安全性分析中，为 IMA 安全性分析研究提供新思路[92]。孙健结合 AADL 语言和 AltaRica 语言对 IMA 的资源安全性进行分析与验证，并使用 SimFia 工具自动生成故障树，从而进行安全性分析[93]。文献[94]在系统需求层面进行 IMA 安全性分析，提出一种基于四变量模型的系统安全性建模及分析验证方法。文献[95]针对 IMA 高度集成带来的故障传播问题，提出了基于 AADL 和 HiP-HOPS 的安全性分析方法，首先采用 AADL 语言对系统的架构及故障信息进行描述，建立其 AADL 体系结构模型。为了进一步对其进行安全性分析，提出了 AADL 模型向 HiP-HOPS 模型转化。利用 HiP-HOPS 可生成故障树和进行 IF-FMEA(interface focused-FMEA)组合失效分析，对 IMA 飞行规划系统故障传播进行安全性和可靠性分析，实现了模型重用，减少了出错率，解决了 IMA 系统故障传播建模困难的问题。文献[96]先针对安全关键系统及资源共享在不同功能之间引入了一些不可避免的互连，导致故障传播模式更加复杂，从而使分析它们之间的关系变得更加困难；然后，提出了使用 AADL 建立系统模型并将其转换为 GSPN 模型的方法，利用 AADL 错误附件不仅可以建立故障传播和组合故障的模型，而且可以将其转换为 GSPN 模型进行定量或者定性安全性分析；最后，以飞行控制软件系统为例，证明了利用 AADL 与 GSPN 建模并进行安全性分析是有效的，解决了复杂安全关键系统建模困难的问题。文献[97]针对 IMA 平台系统组件间的交互性和 IMA 用户系统的相关性，分别采用 AADL 错误附件模型和 FTGPN 方法对其进行安全性分析，并研究其级联失效的风险传播模型。文献[98]针对 IMA 级联失效影响分析提出了基于类似 HiP-HOPS 安全性分析方法，HiP-HOPS 方法不仅分析由内部故障引起的组件故障模式，还分析由与组件接口的其他组件生成的输入故障事件，利用类似 HiP-HOPS 方法对 IMA 级联失效影响问题进行安全性分析，有效解决了级联失效影响的建模问题。刘家佳对 IMA 提出了基于安全代理机制的安全管理软件结构，以弥补 IMA 标准规范中存在的实时性差和扩展性差等缺陷[99]。朱小未针对 IMA 信息安全性需满足的新要求，提出基于层次分析与灰度关联安全性分析评估方法[100]。徐显亮等利用危险场景对 IMA 软件体系结构的安全性进行分析与评估，提出以安全为中心的 IMA 软件体系结构设计方法[101]。靳文瑞利用系统安全性分析理论和方法，分析在 IMA 安全性分析和适航评估中需要注意的技术问题[102]。谷青范等从系统风险控制方面入手，对 IMA 采用基于模型驱动的安全性分析方法进行危害性分析[103]。文献[104]从时间和空间两个维度来分析 IMA 的危险问题，并提出一种改进的时间着色 Petri 网，从而对时间和空间耦合危险进行安全性分析。

综上所述，国内外对 IMA 的安全性分析与评估开展了大量研究，但对于 IMA 平台系统的动静态建模安全性分析和 IMA 资源共享的故障耦合级联失效的安全性问题缺少相关的研究。

2.3.4　IMA 前沿理论与技术现状

2.3.4.1　基于熵和耗散结构理论的复杂系统安全评估方法

王红力等[70]先提出了基于熵和耗散结构理论的复杂系统安全评估方法,该方法基于熵和耗散结构理论,考虑复杂系统的特点,从故障危险性、人为误差、危险特性和致命环境等方面研究了复杂系统的安全性;然后,提出了系统安全熵的概念,建立了可用于复杂系统安全评价的系统安全熵模型;最后,以某型飞机制动控制系统为例采用其提出的方法进行了分析评估。

1. 基于熵和耗散结构的复杂系统安全性描述

1) 复杂系统的安全系数

在熵理论的观点下,复杂系统是通过是否有序和稳定的状态来判断的。然而,它是用整个系统对宏观性能的安全程度来表示的。该方法研究了故障危险性、人为失误、危险特性和致命环境四个因素对复杂系统的影响。系统的影响程度是四个子系统的函数,统一表达式为

$$P_s = F(p_1, p_2, p_3, p_4) = p_1 \cdot p_2 \cdot p_3 \cdot p_4 \tag{2.1}$$

其中,P_s 是整个系统的影响程度,p_1 代表故障危险性的影响程度,p_2 代表人为失误的影响程度,p_3 代表危险特征的影响程度,p_4 代表致命环境的影响程度。进一步分析各个影响因素,建立相应的子函数:

$$\begin{aligned}
p_1 &= F_1(p_{11}, p_{12}, p_{13}, \cdots, p_{1i}, \cdots, p_{1q}) & (i = 1, 2, \cdots, q) \\
p_2 &= F_2(p_{21}, p_{22}, p_{23}, \cdots, p_{2j}, \cdots, p_{2r}) & (j = 1, 2, \cdots, r) \\
p_3 &= F_3(p_{31}, p_{32}, p_{33}, \cdots, p_{3k}, \cdots, p_{3s}) & (k = 1, 2, \cdots, s) \\
p_4 &= F_4(p_{41}, p_{42}, p_{43}, \cdots, p_{4m}, \cdots, p_{4t}) & (m = 1, 2, \cdots, t)
\end{aligned} \tag{2.2}$$

由以上分析可知,系统的影响因素多而复杂,不良的变化会给系统安全带来负面的影响,导致复杂系统的熵增加,从而使系统失序。

2) 建立复杂系统的安全熵

熵主要用来衡量系统的无序程度,对复杂系统的研究具有重要意义。开放系统的熵为 dS,其中包含熵的流动和熵的产生,公式如下所示:

$$\mathrm{d}S = \mathrm{d}S_e + \mathrm{d}S_i \tag{2.3}$$

通过对熵进行分析,得到熵与系统状态变化关系,如下所示:

熵为 0,系统处于稳定状态。

熵大于 0,此时负熵流不足以抵消系统的熵产(包括对正熵流的外部供给),即状态不稳定。在这种情况下,需要改进甚至重新规划系统的路径,减少路径中的势能。

熵小于 0，这种情况下负熵流能够抵消系统的熵产。系统处于良好状态，朝着更加有序的方向发展。

通过对所有信息量进行统计评价，得到整个系统的平均不确定性，即系统熵。然后 Shannon 提出了离散随机变量的信息熵公式：

$$I(x_k) = \lg \frac{1}{P(x_k)} = -\lg P(x_k), \quad k = 1, 2, 3, \cdots, K$$

$$H(X) = H(p_1, p_2, \cdots, p_k) \sum_{k=1}^{k=K} \sum p_k I(x_k)$$

(2.4)

其中，p_k 代表第 k 个危险因子的权重。

由于影响复杂系统安全的因素很多，为了找到合适的安全状态测度，充分考虑系统的信息不确定性和量化难度等特点。该方法结合复杂系统的特点和信息熵原理，从系统协调性的角度提出了"系统安全熵"的概念，用于复杂系统的安全性评估。

根据信息熵公式，可以得到复杂系统的危险指标熵公式。

$$S(X) = -g_i \sum_{i=1}^{n} P(x_i) \lg P(x_i)$$

(2.5)

其中，g_i 为常数，表示系统信息的不确定性程度，通常情况下 g_i 的值为 1；$P(x_i)$ 是危险突变的概率；$S(X)$ 是系统的危险度指标熵，用于衡量和评价复杂系统的协调度和安全度。若指标的熵值较小，说明参数值信息的有序度较大，即系统的可控性越强，对系统风险控制的作用越大，指标的权重越大；若指标的熵值较大，说明该指标在变化程度和提供信息量方面的值较小，即系统的可控性越弱，在系统评价中的作用越小，指标的权重就越小。

3) 复杂系统的耗散结构特征

耗散理论认为，当外部条件发生变化或系统的某些参数达到某一阈值时，一个远离平衡的开放系统可以通过突变转变为时间、空间或功能有秩序的新条件。它需要不断地与外界进行物质和能量的交换，以创造或维持一个新的稳定的结构。需要耗散物质能量的有序结构称为耗散结构，具有不可逆性。

复杂系统是一个远离平衡的开放系统。在系统演化的过程中，它不仅受到自身结构和人的影响，而且还受到外部环境或危险物质等外部因素的影响。这些都使系统的平衡不断被打破，系统一直处于从一个平衡状态跳到一个新的平衡状态的过程中。因此，复杂材料等复杂系统是典型的具有自组织特性的耗散结构系统。

2. 复杂系统的状态流和熵流分析

系统状态是指系统能够识别和观察的特征和姿态。当特征和姿态随时间的变化达到稳定状态时，系统达到平衡。

熵是从热力学的角度衡量不可用能量的一种方法。熵值的增加意味着系统能量的质量变差，可用性变低，反映了系统能量在质量上的耗散。熵减少过程是熵增加的反向过程。负熵包括在熵减少的过程中系统与环境交换的结果以及对它们的吸收、利用。环境中的物质、能量和信息分为熵增因子和熵减因子。使系统保持有序、对系统有贡献并能被系统利用的物质、能量和信息称为熵减因子；相反，破坏系统秩序的物质、能量和信息称为熵增因子。

通过分析可知，复杂系统具有耗散结构特征。因此，可结合系统的复杂性，建立复杂耗散系统的熵流图。通过研究耗散系统的熵变化，分析系统状态的相应变化，可以找到系统的最小风险路径，从而将系统的安全性提高到最大限度。

为了使系统获得更大的安全性，我们可以采取一些措施：

(1) 加强熵减因子，控制熵增因子；

(2) 引入负熵流，降低系统总熵；

(3) 保持系统有序结构，增加系统对外界环境的物质、能量交换，最大限度实现物质和能量的耗散。

3. 案例分析

本节以某型飞机制动控制系统为例进行分析评估。制动系统由四部分组成，即主制动器、起飞线制动器、紧急制动器和接到起落架后自动制动器。因为起落架只在接近地面的地方使用，比如飞机起飞、降落和滑行，起落架在使用过程中存在温度、压力和振动的场景变量，其中，温度是由接收起落架时发动机和飞机蒙皮附近的空气动力加热造成的。

飞机着陆、下沉速度和过载等因素都会产生压力。地基反力系数是引起振动的主要原因。起落架制动控制系统的危险特点是只有高能油，油压过高会导致油路爆裂。因此，飞机起落架制动控制系统的真正隐患是故障隐患 p_1、高能油 p_{31}、温度 p_{41}、压力 p_{42} 和振动 p_{43}。故障危害包括完全丧失刹车功能 p_{11}、失去侧制动功能 p_{12}、非操作制动 p_{13}、刹车直到爆胎 p_{14}。

为了建立系统的安全熵模型，采用熵权法计算各评价指标的权重系数。

假设：故障危险性、人为失误、危险特性和致命环境中的每一个因素都有 m 个子因素，每个子因素有 n 个索引，索引值为 $X_{ij}(1 \leqslant i \leqslant m, 1 \leqslant j \leqslant n)$。

标准化后的各项指标均为正。标准化矩阵 $Y = (y_{ij})_{m \times n}$ 已获得，并进行归一化处理，得到

$$P_{ij} = y_{ij} \bigg/ \sum_{i=1}^{m} y_{ij} \tag{2.6}$$

以危险特性高能油 p_{31} 为例进行说明。对于高能油子因素主要考虑其特性，包括燃烧和爆炸特性、油压过高及其他危险特性。先根据指标的特点，选取偏大的隶属函数作为评价指标；然后，根据各指标的隶属度函数值，计算其值，并对数据进行归一化处理，结果如表 2.1 所示。

表 2.1　高能油安全系数的危险隶属度值和归一化隶属度值

安全因素	子因素	各指标隶属度	危险隶属度	各指标归一化结果	危险度归一化结果
高能油	燃烧和爆炸	1.600	4.195	0.126	0.33
	油压过高	1.345		0.106	
	其他危险因素	1.250		0.098	

计算第 j 个索引指标 S_j 的值(为便于计算，均取自然对数)，则

$$S_j = -g_i \sum_{i=1}^{m} p_{ij} \ln p_{ij} \tag{2.7}$$

定义"反向系数"为 $G_j = 1 - S_j (1 \leqslant j \leqslant n)$。对于第 j 个指标，指标值的反向系数越大，其在评价体系中的作用越大，熵值越小；相反，差值越小，熵值越大。

得到复合系统的第 j 个指标权重，如下所示：

$$w_j = G_i \sum_{i=1}^{m} G_j \tag{2.8}$$

因此，系统的总安全熵模型为

$$S_j = \sum_{i=1}^{n} w_j S_{yi}^{j}$$
$$S_{yi} = -y_i \ln y_i \tag{2.9}$$

如果安全熵值的结果较大，说明复杂系统的安全程度较差，系统路径中存在的风险较多。因此，可以利用结果进一步评估系统安全水平，实时确定系统状态。

根据式(2.9)，计算飞机制动控制系统的熵值 $S_j=0.2816$。

飞机制动控制系统的安全熵反映了系统的稳定性。为了使评价结果更加直观和具有可比性，参考了事故等级标准表，编制了系统稳定性等级表。其中，系统稳定性等级标准为：Ⅰ (0,40)；Ⅱ (40,60)；Ⅲ (60,75)；Ⅳ (75,90)；Ⅴ (90,100)。通过计算各区间的安全熵得到系统稳定区间，如表 2.2 所示。

表 2.2　熵和稳定性的关系

系统稳定性等级	系统熵	系统稳定性
Ⅰ	(0.3665)	非常不稳定
Ⅱ	(0.3065, 0.3665]	比较不稳定
Ⅲ	(0.2158, 0.3065]	临界稳定

续表

系统稳定性等级	系统熵	系统稳定性
IV	(0.0948，0.2158]	比较稳定
V	(0，0.0948]	非常稳定

以上计算结果表明，飞机制动控制系统的熵值为 0.2816，属于临界稳定状态。安全熵评价方法的信息利用率较高，能较好地处理系统不确定性对评价结果的影响。因此，该方法可用于评价和预测复杂系统的安全性。

2.3.4.2　基于小世界网络模型的故障传播分析方法

文献[71]从集成复杂系统固有的网络拓扑结构出发，分析了系统安全性，讨论了系统固有拓扑结构和统计特性对故障传播的影响；建立了故障传播模型，并考虑网络统计信息，将故障传播强度定义为节点间边缘的权重；通过故障传播定性分析，得到故障传播的最高风险路径和关键节点；最后通过应用实例说明了该方法的实用性和有效性，可作为安全评价和故障预防的重要依据。

1. 小世界网络的模型和性质

1) 小世界网络模型

小世界网络是 Watts 和 Strogatz 在 1998 年基于人类社会关系网络模型提出的，是介于随机网络和规则网络之间的一种特殊的复杂网络结构，其结构如图 2.4 所示。在小世界网络模型中，当 $p=0$ 时，是完全规则网络；当 $p=1$ 时，是完全随机网络；通过调节 p 的取值，可以控制规则网络向随机网络过渡。

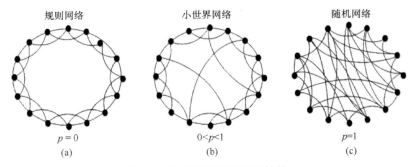

图 2.4　小世界网络模型的结构

2) 小世界网络特性

在小世界网络中，大多数节点之间并没有相互连接，但可以通过几步到达绝大多数节点之间(小世界网络的特性)。小世界网络特性表明，复杂网络可以根据两个独立的结构特征进行分类，即节点之间的平均路径长度 L 和聚类系数 C。

平均路径长度 L 表示两个节点之间的最小路径长度在网络上的平均值，由下式给出：

$$L = \frac{1}{n(n-1)/2} \sum_{1<i,j<n} D(i,j) \tag{2.10}$$

其中，n 为网络节点数；$D(i,j)$ 是节点 i 到节点 j 之间的最短路径长度，平均路径长度也称为网络特征路径长度。

聚类系数 C 用于度量两个节点的平均概率，这两个节点有一个共同的邻居节点。C 表示为

$$C = \frac{1}{n} \sum_{i=1}^{n} \frac{2t_i}{k_i(k_i-1)} \tag{2.11}$$

其中，k_i 表示以节点 i 为根的边的数量；网络中节点度的平均值由 $K = \frac{1}{n}\sum_i k_i$，$i = 1, 2, \cdots, n$ 给出；t_i 为节点 i 的相邻边之间的边数。

较小的平均路径长度和较大的聚类系数是小世界网络的特性之一，其几何性质可表示为

$$\begin{cases} L > L_r \\ C > C_r \end{cases} \tag{2.12}$$

其中，L_r 为随机网络的聚类系数，C_r 是随机网络的特征路径长度。

需要注意的是，并不是所有的复杂系统都必须具有小世界属性，这需要根据网络拓扑的统计特性来判断。

3) 小世界网络特性对故障传播的影响

复杂系统的各个基本单元(包括设备、子系统)之间存在着复杂的交互关系，构成了复杂的网络结构。对电力系统网络和输电网络的研究表明，当一个网络具有较小的路径长度和较大的聚类系数时，它对故障(疾病)的传播有很大的促进作用。具有小世界特征的复杂系统网络也是如此。

在具有小世界性质的网络中，网络节点的程度对故障的传播起着重要作用，即节点的度数越大，对应的传播路径越多，扩散面积越大。因此，在资源有限的情况下，优先保护度数较大的节点要比随机选择节点保护好得多。

2. 集成复杂系统的故障传播分析

1) 故障传播模型的构建

为了建立故障传播模型，首先对集成的复杂系统结构进行分解。集合 $S = (S_1, S_2, \cdots, S_m)$ 表示系统的基本单元(称为元件)，C 表示基本单元之间的故障传播关系。系统的网络结构模型为 $\{S, C\}$。

　　为了便于计算机处理，系统模型用邻接矩阵 A 表示。在得到系统结构模型的邻接矩阵后，引入小世界聚类特性建立故障传播模型。例如，一个综合航空电子系统由许多模块组成，每个模块都被看作是网络中的一个节点。它们之间的关系表示为节点与系统之间的关系，可以转换为图，然后将这种转换表示为矩阵。

　　假设给定节点 v 的负载 $l(v)$ 表示通过该节点的两个节点之间最短路径的数量。此处将连杆 e 处的载荷 $l(e)$ 定义为通过给定连杆的最短路径的数量。

　　假设每个连杆的频率与载荷成正比。一个边缘具有更大的载荷，更多的元件会因沿该边缘的故障传播而迅速失效。$P(e_{ij})$ 表示故障从节点 v_i 直接扩散到节点 v_j 的概率。如果两个节点之间没有连接，则 $P(e_{ij})=0$。$l(e_{ij})$ 表示节点 v_i 到节点 v_j 之间的边缘载荷。定义故障传播强度 I_{ij} 为

$$I_{ij} = w_p P(e_{ij}) + w_s l(e_{ij}) / \sum_{i \ne j} l(e_{ij}) \tag{2.13}$$

其中，w_p 和 w_s 分别表示故障传播概率权值和负荷权值。然后对故障传播强度进行归一化处理，将强度作为边缘权重

$$I'_{ij} = I_{ij} / \sum_{i \ne j} I_{ij}$$

　　2) 故障传播最高风险路径的数学模型

　　数学模型的目标是发现故障的传播路径，该路径包含尽可能多的关键节点。本部分采用蚁群算法求解故障传播的最高风险路径。蚁群算法是一种新的模拟进化算法，具有很强的鲁棒性，是一种并行算法。

　　根据故障扩散过程计算故障传播最高风险路径的数学模型如下：

$$\begin{cases} \max \sum_{k > 0} w_k l(v_k) \\ \text{s.t.} \prod_k P(e_{ij})^k \leqslant 10^{-8}, \quad i \in F_{k-1}, j \in F_k \end{cases} \tag{2.14}$$

式中，w_k 为故障传播第 k 步的权值；F_k 表示受第 k 步传播影响的节点组合。每次通过循环，每条路径的信息素都根据以下公式进行更新：

$$\tau_{ij} = (1 - \rho)\tau_{ij} + \Delta \tau_{ij}$$
$$\Delta \tau_{ij} = \sum_{l=1}^{m} \Delta \tau_{ij}^l \tag{2.15}$$

其中，$\rho\,(0 < \rho < 1)$ 为信息素蒸发系数，m 是蚂蚁的总数，$\Delta \tau_{ij}^l$ 为第 l 个蚂蚁在时间 t 到 $t + n$ 之间每单位长度放置在 e_{ij} 边的数量。

　　第 l 个蚂蚁从节点 i 到节点 j 的转换概率为

$$P_{ij}^{l}(t) = \begin{cases} \dfrac{[\tau_{ij}(t)]^{\alpha}[n_{ij}]^{\beta}}{\displaystyle\sum_{j \in N_i^l} [\tau_{ij}(t)]^{\alpha}[n_{ij}]^{\beta}}, & j \in N_j^l \\[6pt] 0, & \text{其他} \end{cases} \tag{2.16}$$

其中，α 为控制信息素影响概率大小的参数，β 为启发式信息素影响概率大小的参数，N_i^l 是节点 i 中蚂蚁 l 的可行邻域集合。

3. 案例分析

本节以 IMA 为例说明所提方法的应用。IMA 通过综合资源集成或高资源共享的方式，可以有效地提高效率、减轻重量和降低功耗。但是，随着复杂性的提高，也出现了一系列新的问题，如故障增加、故障传播容易等。

1) 系统描述

新一代航空电子系统采用模块化设计。每个子系统由几个模块组成，模块连接在总线上进行数据传输。每个模块包括几个线路可更换单元。故障传播的原因一般有总线故障传播、设备故障传播和数据处理故障传播。

2) 建立模型

根据系统论的观点，对航空电子系统的结构进行了分解。将系统划分为几个子系统，用集合表示 $S = (S_1, S_2, \cdots, S_m)$，其中每个元素都是一个子系统。每个子系统包括几个模块，表达式为集合 $S_m = (M_1, M_2, \cdots, M_n)$，其中每个元素都是一个模块。$C$ 表示元素之间的关系，系统的结构模型可以表示为 $\{S, C\}$。

忽略系统模块的实际意义，将模块抽象为一个网络节点，故障传播关系用节点间的边缘表示，集成的复杂系统就可以转化为一个网络形式。假设各模块的故障传播概率相等，模块关联关系样本图如图 2.5 所示。

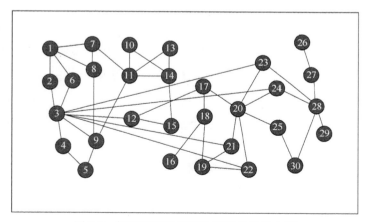

图 2.5　航空电子系统模块关联关系样本图

航空电子系统模块关联关系样本图是简单无向图。每个节点代表一个模块，节点间的线表示两个模块之间发生故障传播。根据图 2.5 中模块之间的关系，邻接矩阵 A 为

$$A=\begin{bmatrix}
0&1&0&0&0&1&1&1&0&0&0&0&0&0&0&0&0&0&0&0&0&0&0&0&0&0&0&0&0&0\\
1&0&1&0&0&0&0&0&0&0&0&0&0&0&0&0&0&0&0&0&0&0&0&0&0&0&0&0&0&0\\
0&1&0&1&0&1&0&0&1&0&0&0&0&0&0&0&1&1&1&0&0&0&0&0&0&0&0&0&0&0\\
0&0&1&0&1&0&0&0&0&0&0&0&0&0&0&0&0&0&0&0&0&0&0&0&0&0&0&0&0&0\\
0&0&0&1&0&0&0&0&0&0&0&0&0&0&0&0&0&0&0&0&0&0&0&0&0&0&0&0&0&0\\
1&0&1&0&0&0&1&0&0&1&0&0&0&0&0&0&0&0&0&0&0&0&0&0&0&0&0&0&0&0\\
1&0&0&0&0&1&0&0&1&0&0&0&0&0&0&0&0&0&0&0&0&0&0&0&0&0&0&0&0&0\\
1&0&0&0&0&0&0&0&1&0&1&0&0&0&0&0&0&0&0&0&0&0&0&0&0&0&0&0&0&0\\
0&0&1&0&1&0&0&0&0&0&0&0&0&0&0&0&0&0&0&0&0&0&0&0&0&0&0&0&0&0\\
0&0&0&0&0&1&0&0&1&0&0&0&0&0&0&0&0&0&0&0&0&0&0&0&0&0&0&0&0&0\\
0&0&0&0&0&0&0&1&0&1&1&1&0&0&1&1&0&0&0&0&0&0&0&0&0&0&0&0&0&0\\
0&0&1&0&0&0&0&0&0&0&1&0&1&0&0&0&0&0&0&0&0&0&0&0&0&0&0&0&0&0\\
0&0&0&0&0&0&0&1&1&0&0&0&0&0&0&0&0&0&0&0&0&0&0&0&0&0&0&0&0&0\\
0&0&0&0&0&0&0&0&0&1&0&0&1&0&0&1&1&0&0&0&0&0&0&0&0&0&0&0&0&0\\
0&0&0&0&0&0&0&0&0&0&1&0&0&0&0&0&0&0&0&0&0&0&0&0&0&0&0&0&0&0\\
0&0&0&0&0&0&0&0&0&0&1&0&0&1&0&0&0&0&0&0&0&0&0&0&0&0&0&0&0&0\\
0&0&1&0&0&0&0&0&0&0&0&0&0&1&0&0&0&1&0&1&1&0&0&0&0&0&0&0&0&0\\
0&0&1&0&0&0&0&0&0&0&0&0&0&0&0&0&1&0&0&1&1&1&1&1&0&0&0&0&0&0\\
0&0&1&0&0&0&0&0&0&0&0&0&0&0&0&0&0&0&0&1&1&0&0&0&0&0&0&0&0&0\\
0&0&0&0&0&0&0&0&0&0&0&0&0&0&0&0&1&1&1&0&0&0&0&0&0&1&0&0&0&0\\
0&0&0&0&0&0&0&0&0&0&0&0&0&0&0&0&1&1&0&0&0&0&0&0&0&0&0&0&0&0\\
0&0&0&0&0&0&0&0&0&0&0&0&0&0&0&0&0&1&0&0&0&0&0&0&0&0&0&0&0&0\\
0&0&0&0&0&0&0&0&0&0&0&0&0&0&0&0&0&1&0&0&0&0&0&0&0&0&0&0&0&0\\
0&0&0&0&0&0&0&0&0&0&0&0&0&0&0&0&0&1&0&0&0&0&0&0&0&0&0&1&0&0\\
0&0&0&0&0&0&0&0&0&0&0&0&0&0&0&0&0&0&0&0&0&0&0&0&0&0&0&1&0&0\\
0&0&0&0&0&0&0&0&0&0&0&0&0&0&0&0&0&0&0&1&0&0&0&0&0&0&1&0&0&0\\
0&0&0&0&0&0&0&0&0&0&0&0&0&0&0&0&0&0&0&0&0&0&0&0&0&1&0&1&0&0\\
0&0&0&0&0&0&0&0&0&0&0&0&0&0&0&0&0&0&0&0&0&0&0&1&1&0&1&0&1&0\\
0&0&0&0&0&0&0&0&0&0&0&0&0&0&0&0&0&0&0&0&0&0&0&0&0&0&0&1&0&1\\
0&0&0&0&0&0&0&0&0&0&0&0&0&0&0&0&0&0&0&0&0&0&0&0&0&0&1&0&1&0
\end{bmatrix}$$

3) 网络属性

对所构建的网络拓扑进行分析，结果如表 2.3 所示。因此，与具有相同规模和节点的随机网络相比，该网络具有较小的平均路径长度和较大的聚类系数。因此，该网络被认为具有小世界网络属性，IMA 的故障传播模型具有小世界网络特性。

表 2.3　航空电子系统模块的网络统计特性

n	K	L	L_r	C	C_r
30	2.9332	3.4599	3.1604	0.1445	0.0977

4) 故障传播分析

当航空电子系统某模块 X 发生故障时，故障会沿相关网络扩散到相邻模块。为便于计算，假设各模块之间的故障传播概率相等。w_p、w_s 和 w_k 模型的权重系数是 1。在实际应用中，通过历史数据统计和专家经验给出了故障传播概率。为了求解故障传播的最高风险路径，设置蚁群算法的参数，如表 2.4 所示。

表 2.4　蚁群算法的参数设置

α	β	ρ	Q	m	NC_max
2	5	0.6	100	18	300

选择初始故障源可视为网络攻击或破坏，随机攻击和最大负载攻击是常见的方式。选择不同的节点作为故障源。通过计算得到故障传播的最高风险路径为：27—28—23—3—22，目标函数值为 3.314。图 2.6 反映了在求解故障传播最高风险路径时，目标函数最优值随迭代次数的变化。在这条传播路径中，某些节点故障发生的概率可能较低，但由于发生故障后其程度较高，影响范围较大，因此传播路径应作为一个薄弱环节的系统。例如，多个模块共享射频(RF)信号，如果射频信号出现错误，会影响其他使用射频信号的模块的处理结果。

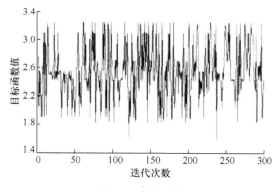

图 2.6　优化过程

2.4　小　　结

本章先介绍了航空电子系统架构的四个主要发展阶段，即分立式、联合式、综合式、新一代，并对其需求背景及特点进行了概括分析，得出航空电子系统的发展趋势是综合程度越来越高，从显示器推进到数据处理，又推进到传感器系统。然后，对 IMA 安全性分析的难点进行了阐述，介绍了系统安全性分析的相关适航规章，并对国内外安全性分析方法进行了研究。最后，对 IMA 级联失效以及安全性分析方法的研究现状进行了调研，并研究了两种 IMA 安全性分析方法。通过对国内外 IMA 安全性分析技术的调研，发现近年来 IMA 安全性理论探索、方法改进、技术创新等方面的研究虽然取得了不少成果，但是面对新型大型客机的安全性发展要求和 IMA 安全性的实际需求，还存在以下几个方面的问题仍有待更加深入地研究：

(1) 需要有适用于 IMA 特点的建模方法和安全性分析方法用于设计研究。现有的安全性分析方法无法对 IMA 动态特性创建动静态相结合的安全性分析模型。

(2) 针对 IMA 的级联失效，相关分析方法、传播模型和评估方法较少，且目前的安全性分析方法无法描述由 IMA 级联失效导致的风险传播过程，并进行定性和定量分析。

第3章　基于 FTGPN 的 IMA 系统架构模型

3.1　引　　言

　　航空电子系统关系到飞机的安全性、可靠性、先进性和成本，是飞机上最重要的子系统之一。为了满足市场的需求及日益激烈的竞争，民用飞机制造商们不得不进一步缩短型号研制周期、降低研发成本，并减轻新研飞机的重量与功耗。航空电子系统技术在这样的需求牵引下不断发展，从 20 世纪 60 年代模拟式航空电子系统到 20 世纪 90 年代先进数字航空电子系统采用的联合式系统，演化为 20 世纪 90 年代出现的综合模块化航空电子系统(IMA)。这种综合模块化航空电子系统结构设计成为飞机制造商通过优化航空电子系统设计从而降低飞机重量、减少功耗的有效方法。

　　IMA 是当前新型也是最受欢迎的航空电子体系架构。根据 DO 297 规范[105]的描述，可以认为 IMA 是由一系列灵活的、可重用的、可互操作的硬件和软件资源共享综合形成的一个提供服务的虚拟系统平台，用来支持执行飞机功能的应用。IMA 架构将多个应用程序放到一个平台上，进而节省空间、降低系统的整体重量以及减少能源消耗。第一个应用 IMA 的大型民用飞机是波音公司于 1995 年正式推出的波音 777 飞机，该飞机采用飞机信息管理系统(airplane information management system，AIMS)来综合多个航空电子子系统的功能。波音 787 飞机的航空电子系统的综合程度在波音 777 飞机的基础上有了进一步提升，不仅综合了传统的航电功能，而且将许多非传统航电功能也综合进来[106-108]。空中客车公司最新推出的 A380 飞机采用了具有自身特色的综合模块化结构，与波音 777 飞机和波音 787 飞机的最大不同是，A380 飞机没有以机柜(cabinet)的形式形成一个中央处理系统，而是将处理模块以分布的方式部署在机身的各个地方[109]。

　　国内相关学者对大型民用飞机航空电子系统的发展进行了跟踪，并对我国大型飞机航空电子系统的发展提出了有益的建议[110-113]。本章将从航空电子系统的发展、IMA 系统架构和典型机型 IMA 架构特征分析三个方面进行介绍，并分析总结 IMA 的关键技术以及发展建议。

3.2　IMA 系统架构

IMA 包含若干个计算模块,且每个计算模块能够运行多个不同安全关键级别的应用程序。IMA 的核心理念是硬件共享,即多个应用程序共享同一个处理单元,这样就能减少处理器、配线、I/O 的成本。此外,还能减小航空电子系统的重量、体积、能耗等[110]。

3.2.1　IMA 的适航标准

1) ASAAC

联合标准化航电系统架构协会(allied standard avionics architecture council, ASAAC)[114]旨在建立统一的航电系统架构标准、概念以及设计指南,在提高任务性能和运行性能的同时,降低航空电子系统全寿命周期成本。ASAAC 要求 IMA 架构的设计应按照基于分层的软件设计思想,采用通用的功能模块、统一的网络协议以及分层次的系统管理。

ASAAC 体系结构包含 5 个标准(系统结构标准、软件结构标准、通用功能模块标准、网络通信标准、封装标准)和 7 个指南(系统管理指南、系统初始化指南、系统配置及重构指南、容错指南、时间管理指南、保密指南和安全指南)。这 5 个标准和 7 个指南是 IMA 及相关设备进行研制、设计、开发的重要标准以及参考依据。基于 ASAAC 的航空电子系统结构如图 3.1 所示。

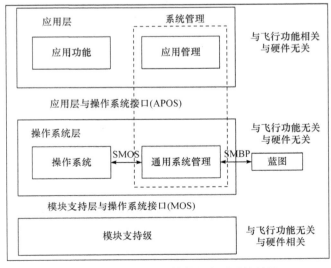

图 3.1　基于 ASAAC 的航空电子系统结构

2) ARINC 653

　　航空无线电通信公司(ARINC)为满足现代航空电子系统高度综合模块化的发展要求，颁发了 ARINC 653 标准[115]。ARINC 653 标准定义了一种多分区操作系统接口标准，能够有效地对上层应用与系统核心进行隔离设计。分区将时间和内存分配给应用程序，允许 IMA 在不同的职责范围内托管多个应用程序，并对共享资源进行操作。共享资源包括实时操作系统(RTOS)、中央处理器(central processing unit)、内存管理单元(memory management unit, MMU)和输入/输出处理程序。分区的设计在 IMA 中是至关重要的安全性设计。

　　基于 ARINC 653 标准的 IMA，如图 3.2 所示，其主要的层次结构有：IMA 应用软件层、ARINC 653 接口层、实时操作系统层、硬件接口驱动层和硬件层。系统功能的定义要求有分区管理、进程管理、时间管理、存储器管理、通信管理及健康监控服务等。这些系统功能实现了系统分区在时间上和空间上的隔离。以上所有层次的相关信息以及参数配置都储存在系统配置信息表中，它是基于 ARINC 653 体系结构系统中最重要的组成部分，为系统实现重用和移植提供了便利。

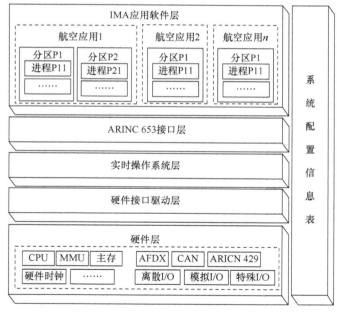

图 3.2　基于 ARINC 653 标准的 IMA

3) DO-297

　　DO-297 是一个为 IMA 所定制的开发和认证指南[116]，针对一些 IMA 专有的设计特点(如分区和健康管理等)进行开发和认证。DO-297 向 IMA 适航认证过程中所涉及相关方(如 IMA 集成商、硬件开发商等)提供 IMA 的模块、应用和系统的开发过程，以及增量式认可的认证方法。

DO-297 中提出：增量认可的认证方法主要是针对 IMA 模块化的架构特点，目标是获得批准并且通过适航认证，通过接受或确定的 IMA 模块、应用、和/或未装机 IMA 是否能够满足特定的要求，获取审定方认可的一种过程。增量认可可以分解为多个任务，通过获得审定方对单个任务的信任，最终实现整个系统适航认证的目标。

3.2.2　IMA 架构与特点

3.2.2.1　IMA 架构

IMA 架构的实现基于两个基本原则[117]。第一个原则是在单个航空电子计算资源上集成多个关键等级不同的软件功能以保持航空电子架构的重量、体积和成本在合理的限制内。第二个原则是严格鲁棒式的分区，可防止功能之间的相互干扰，用来简化设计和认证过程。这样的分区由硬件和软件按照一定的规则运行，同每个功能都独立运行在自己的虚拟资源上并保证性能。

航空电子系统的逻辑架构映射到了 IMA 平台的物理资源上。从余度、容错、完整性和隔离诸多方面来看，IMA 的逻辑架构是早期联合式架构的复制，所不同的是联合式架构物理实现上的这些特征在 IMA 架构中通过实时操作系统提供的分区功能以及驻留应用软件的健壮性设计保证。在 IMA 架构下，飞机系统功能被划分为可通用的计算处理功能和专用系统功能两大类，其中可通用的计算处理功能集中分配到 IMA 平台上驻留、运行，而专用系统功能必须由该系统的专用设备实现。在特殊情况下，系统功能由 IMA 和其他机载系统专用设备共同实现，如显示系统由 IMA 平台、座舱多个显示器、人机接口设备共同实现。因此，飞机级 IMA 接口定义除完成联合式架构同类的飞机级接口定义外，还需要定义 IMA 与相关飞机系统之间的接口。IMA 架构下飞机级系统接口定义分为两类。

(1) 飞机系统间的接口定义：是 IMA 及所有驻留系统与其他飞机系统间的外部接口。与联合式架构的不同之处在于，IMA 集成商需要汇总所有驻留系统的接口定义，定义 IMA 接口文档，并在 IMA 架构设计过程中进行接口分配。

(2) IMA 与部分驻留的系统之间的接口定义：属于 IMA 架构的特有工作，仅适用于系统功能由 IMA 和其他机载系统专用设备共同实现的情况,需要定义 IMA 与这些专用设备间的接口。在飞机级系统接口定义阶段，只进行 IMA 驻留系统与外部其他设备间的接口定义，IMA 驻留系统间的接口定义将在 IMA 开发阶段进行。飞机级的初步安全性评估基于飞机级功能危害性评估(aircraft functional hazard assessment，AFHA)的输出对飞机级系统设计进行初步评估，确定其是否满足 AFHA 建立的功能安全性要求。飞机制造商应进行飞机级 IMA 单个和多个失效的综合分析，将 IMA 平台的单个模块或模块的组合作为失效的基本事件[118]，以评估飞机级安全性，避免 IMA 引起共模故障或成为导致灾难性故障的单点故障等。

典型的 IMA 体系结构[119]见图 3.3。

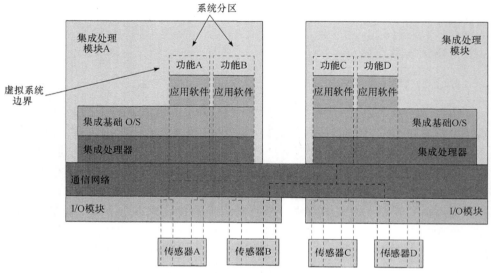

图 3.3　典型的 IMA 体系结构

根据其作用和功能，现代 IMA 可以分为五层系统：

(1) 人机交互系统。这些系统包括显示、通信、数据输入和处理以及飞行控制。显示系统提供飞行员和飞机系统之间的视觉界面，包括平视显示器、头盔显示器和下视显示器。平视显示器和头盔显示器的主要优点是它们将显示信息投射到飞行员的视野中，这样飞行员就可以抬头并集中精力于外部环境。通信系统也有着至关重要的作用。地面基地和飞机之间或飞机之间的可靠双向通信的重要性是不言而喻的。现代飞机上无线电通信设备的功能是十分强大的，并且覆盖了几个工作频段。数据输入和处理系统对于机组人员与综合航空电子系统进行交互至关重要。从键盘和触摸面板到直接语音输入控制、语音识别技术和语音警告系统都属于这类系统。飞行控制系统在两个方面利用了 IMA 技术，即自动稳定系统和电传操纵系统。

(2) 飞机状态传感器系统包括空气数据系统和惯性传感器系统。空气数据系统提供了准确的空气数据信息，即高度、校正空速、垂直速度、真空速、马赫数和气流入射角。这些信息对飞机的控制和导航至关重要。空气数据计算系统通过计算精确传感器的输出来测量静压、总压和室外空气温度等参数。惯性传感器系统提供了飞机的姿态和方向信息，在能见度很低的情况下，这些信息对飞行员操控飞机有着巨大的作用。

(3) 导航系统导航信息包括飞机的位置、地面速度和航迹角。导航系统可分为航迹推算系统和定位系统。航迹推算系统根据飞机的出发位置、速度和运动方向来估算出飞机的当前位置。飞机上使用的航迹推算系统主要为惯性导航系统，这是最准确和广泛使用的系统。例如，多普勒/航向参考系统广泛应用于直升机中。空中数据/航向参考系统主要用于精度较低的逆向导航系统。目前使用的定位系统主要是基于卫星或地面发射机的无线电导航系统，通过相应的机载接收机接收到从发射装置发出的信号得出飞机的位置。

(4) 外部传感器系统包括雷达和红外传感器等。该系统改变了飞机的操作能力，并使全天候和夜间操作成为可能。雷达可以提供风暴和严重降水等情况的预警，以便驾驶员能够决定是否要改变航向并避开这些情况。

(5) 任务自动化系统通过自动化地管理尽可能多的任务来减少机组人员的工作量。该系统包括：导航管理系统、自动驾驶与飞行管理系统、发动机控制与管理系统等。导航管理系统包含所有的无线电导航系统和所有来自导航源数据的组合。它可以提供飞机位置、地面速度和轨迹的最佳估计。自动驾驶和飞行管理系统减轻了飞行员因持续驾驶飞机带来的单调和疲劳，使飞行员更关注于作战任务。发动机控制与管理系统用来完成发动机的控制、高效管理以及监控。

综合式航空电子系统采用了宝石柱所用规范的系统体系结构，该规范为数字式航空电子系统创建了一个开放式、模块化、故障容错且高度灵活的体系结构。该体系结构从物理上可区分为核心模块(用于完成本地控制及通信)、功能元素模块(用于完成高性能数据、信号等处理、数据输入/输出及存储)、支持元素模块(用于完成全局控制及通信[120])及其他各种各样模块(用于完成电源调节、定时等其他支持性的功能[121])。由于通用模块的广泛使用，以及故障容错、重构技术的采用，在系统主要的资源发生故障时，可以利用备用的信号及数据处理资源，根据任务把备用资源分配给最高优先级的分系统，支持系统柔性降级，因此航空电子系统的可靠性得到了提高，同时降低了飞机的重量、花费及能耗。

3.2.2.2　IMA 的特点

IMA 的特点是提供了一种综合、通用的硬件以及软件资源平台，使大量具有飞机功能的应用程序可驻留在该平台上；软件与硬件解耦，便于升级和维护；物理资源和逻辑资源可以实现共享，提高利用率；通过鲁棒式分区实现功能分离和独立，并且平台和应用程序级别的健康和故障管理可以支持资源共享。

IMA 主要由综合模块化航电平台和集成于平台之上的功能系统组成。IMA

是一个通用的计算平台，能够驻留一个或多个飞机功能或应用，其关键特性为平台资源可由多个应用共享资源，通过分区和平台提供能力。当需要时，IMA 能够利用共享资源的健壮分区隔离的特性，确保应用系统获得共享的平台资源，且这些资源是受到保护的。为了支持驻留的应用系统对资源的需求，IMA 的资源需要可配置。

　　IMA 由一组硬件模块和核心软件组成，它本身并不提供任何的飞机功能，只是构建了一个计算环境并与平台相关的能力，如健康监控和故障管理等。核心软件是平台必需的组件，主要是管理资源的操作系统和支持软件，以提供一种能够执行应用的环境，通常由一个或多个模块组件组成。资源(resource)指由 IMA 或应用使用的任何对象，可以是软件、硬件或软件组件。资源可以由多个应用共享，也可以由特定的应用专用，这些资源是可以综合的、可重用的、可互操作的硬件和软件资源。

　　IMA 实现了综合化的航空电子系统。IMA 在最大程度上促进了系统综合技术的发展，一方面应用程序能共同享有硬件资源，信息数据被最高程度地融合在一起，另一方面在 IMA 中控制、调度和显示能够被统一在一起，这对于战术决策和系统管理是有极大好处的。IMA 在最大程度上使用软件实现应用功能。IMA 的发展趋势就是尽量把硬件实现的功能用软件来代替，硬件资源被所有的应用程序共享，这样就可以减少子系统的配置个数，从而减轻飞机的重量，节约了空间和成本，使得资源利用率提高，预留了空间，为后续的功能扩展做准备。IMA 使航空电子系统的分层更明确清晰。IMA 通过各种标准的接口将应用软件和底层硬件隔离，弱化了两者之间的耦合程度，使得应用软件与底层硬件无关，而仅与飞机的应用能力有关，在不改变硬件的情况下就可以升级软件，这样就使得软件的可移植性得到改进。同样，底层硬件实现与飞机应用软件无关，使得硬件模块的更换和升级比较方便。IMA 使得整个航电网络得到了统一规划，使得以前联合式结构得到了改变，减少了航电系统中数据总线的数目，使得成本减少，重量降低，并且数据传送速率得到极大地改进[122]。

3.2.3　IMA 与联合式航空电子系统对比

3.2.3.1　体系结构对比

　　传统的联合式航空电子系统架构具有分布式、自用和专用计算、通信和输入/输出服务。与之相反，IMA 涉及在通用硬件资源上执行多个应用程序。图 3.4 比较了这两个架构，IMA 采用更少的、更加集中的处理单元替代了数量众多的独立处理器和外场可更换单元(LRU)，以此来实现减少体积、重量和节约维修费用等目标。IMA 是通过系统共享的综合核心处理器(ICP)来实现几乎全部的信号与数据处理功能，把系统综合层从显示控制推到数据信息处理层。

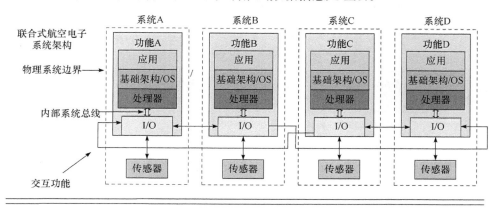

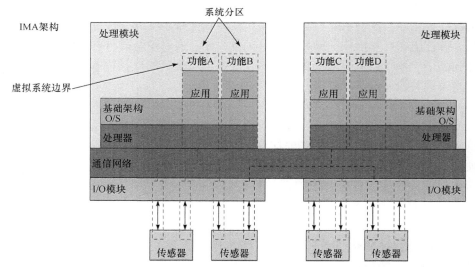

图 3.4　联合式航空电子系统架构与 IMA 架构的对比(OS：操作系统)

联合式航空电子系统与 IMA 结构差异主要体现在以下几个方面，如表 3.1 所示。

表 3.1　联合式航空电子系统与 IMA 结构差异对比

	联合式航空电子系统结构	IMA 结构
差异对比	系统独立，资源不共享或很少共享	系统综合化，资源共享
	结构非层次化，体系结构升级麻烦	结构层次化，体系结构升级方便
	采用时分多路传输数据总线，数据传输效率较低	采用网络统一化，提高了数据传输速度

续表

	联合式航空电子系统结构	IMA 结构
差异对比	功能依赖硬件设备	功能软件化，硬件资源供所有的应用程序共享
	各个系统或设备的故障需要进行单独维修，维修效率低	机载航电提供中央维护功能，便于适时迅速维护
	系统升级成本大，功能模块中很小的修改或升级，都可能会造成整个模块的重新开发以及重新验证	IMA 支持模块的可重用性，经认证的模块得到不止一次的使用

(1) 系统独立和综合化。

联合式航空电子系统的各子系统独立，并拥有自己的传感器、受动器、计算资源和显示器，各子系统不与或很少与任何其他子系统共享数据。IMA 是一个灵活、可重用和可互操作的硬件和软件的共享组，通过整合软件和硬件构建了一个能为多个应用提供共享环境的平台，并依据可靠分区的保护机制和高性能的容错网络实现关键安全的功能分布。

(2) 结构非层次化和层次化。

联合式航空电子系统的主要特征是采用时分多路传输数据总线、标准机载计算机、标准开发语言以及标准外挂单元。联合式航空电子系统根据功能需求进行硬件研发，针对功能和需求实现独立的专用嵌入式子系统，该体系结构需要增加新的功能，则意味着需要增加新的处理器及嵌入式应用软件，因此对体系结构的改动、升级会带来严重的麻烦。IMA 通过标准接口把各个软件隔离为硬件模块运行程序层、操作系统层和程序层，通过这种隔离分层的方式逐步将三者之间的耦合程度弱化，保证应用程序与飞机功能直接关联，而不受硬件的影响，如果要添加新的应用程序，直接录入程序即可，不用更改硬件，提高了软件的灵活性和可移植性。同样，硬件的应用不会影响飞机功能程序，有利于硬件的更新换代。

(3) 多路数据总线和网络统一化。

联合式航空电子系统采用时分多路传输数据总线实现数据的传输、综合控制与显示。IMA 使航电网络高度统一，彻底改变了传统分散式和联合式结构中多组数据总线并存的现象，提高了数据传输速度，且降低了运营成本、减少了系统重量。

(4) 依赖硬件和功能软件化。

联合式航空电子系统的软件基于硬件开发，若没有相应硬件，则无法实现相应的功能。现在的 IMA 可以由软件替代传统只能由硬件实现的功能，硬件资源可以供所有的应用程序共享，减少了子系统的个数，可以减轻飞机的重量、扩大空间、降低成本、提高资源利用率。

(5) 独立维修和中央化。

联合式航空电子系统的功能由分立的处理器完成，每一个处理器(称为现场可更换单元)均有与飞行任务相关联的逻辑功能边界，并且其完成的功能是由处理器上运行的软件确定的，因而需要对各个系统或设备的故障进行单独维修。IMA 引入新的航电维修思想，通过为机载航电提供中央维护功能，既能够动态重构航电系统，使得战机远离维修场站时无须人工维修，又能够与机下维护系统无缝连接，便于实时迅速维护。

(6) 系统升级成本大和认证累计化。

在联合式航空电子系统中，每个子系统是独立且专用的，一个功能模块中很小的修改或升级都可能会造成整个模块的重新开发以及重新验证。尽管在联合式航空电子系统中，重新验证工作由于被限制在单独的模块中而相对简单，但相对于整个航空电子系统全寿命周期中频繁的系统升级需求，这种重新开发与重新验证所带来的代价也是需要避免的。IMA 支持模块的可重用性，如果经认证的模块得到不止一次的使用，将会在显著减少系统整体开发工作量的同时有效地减少认证费用。

3.2.3.2　优劣势对比

由于上述结构方面的差异，联合式航空电子系统和 IMA 存在各自的优势与劣势。

1. 联合式航空电子系统的优势与劣势

1) 优势

联合式航空电子系统结构的特点是各子系统相对独立、交互作用小、耦合度低，所以在子系统之间相互作用域故障传播的可能性极小。在一个子系统中，即使有多个安全级别不同的功能，也都采用最高的安全级别统一处理。各子系统的调度相互独立，实时性各自负责较为容易实现。

2) 劣势

联合式航空电子系统最明显的缺点是资源的共享程度低。每一个功能需要有自己的计算机系统，系统扩展能力成本高。随着系统功能的不断增加，采购、空间、电源、重量、制冷/安装和维护等方面的成本将变得越来越高，以至于飞机不能承受。

由于联合式航空电子系统的传感器、作动器、显示器和控制器等都有独立的接口，因此，联合式航空电子系统具有较高的系统复杂性。同时，由于功能上的改动，需要对整个模块进行重新开发和认证。

2. IMA 的优势与劣势

1) 优势

IMA 的主要优势是多方面的。通过资源整合实现了资源共享，有效提升了资源利用率，大幅降低了成本；通过功能的综合实现了功能过程和结果的共享，提高了系统处理能力和处理的有效性；通过系统的综合形成了任务组合，实现了系统管理综合，提高了系统基于任务的资源和功能状态的管理能力，提升了系统的有效性和生存性。

IMA 减少了所需的物理资源，最终转化为整体上减少飞机的重量和功耗。通过减少计算机种类和相关的电缆数量，减轻了飞机的重量，从而使油耗效率更高，降低了航空公司的运营成本。设备类型较少意味着航空公司必须购买和储存的备件种类较少，节省了维护成本。基于模块化方法，便于灵活构建产品。共享计算资源使系统具有互操作性，解决了飞机功能之间数据共享的问题，减少了飞机的布线。另外，充分考虑了组件的复用性，降低了认证成本。

IMA 结构的最明显特征是采用高性能的综合核心处理机和高速统一网络作为航电系统的计算和通信资源。在联合式航空电子系统中分布在各个子系统中的计算机资源被集中到综合核心处理机中，各机载系统传感器采集的信息通过高速网络传输到核心处理机中进行处理，对各系统的控制命令也通过高速网络传输，实现了计算机资源的共享。由于采用集中式结构，不仅提高了资源利用率，而且在出现故障后可以通过计算机资源的重分配实现容错，提高系统的可用性。

采用 IMA 可对整个系统计算资源进行优化和动态调配，从而减少航空电子功能资源的总需求，并且有助于未来航空电子系统新功能的增加。采用 IMA 结构可以保留系统备用资源库，这个备用资源库能被分配给任何正在共享资源的驻留功能，使得航电系统综合者能够动态地为未来特定的驻留功能增加或减少资源分配，或在不增加新的计算资源的情况下增加新的驻留功能。总之，与联合式航空电子系统结构下同等的总资源相比较，采用 IMA 的资源库所具备的灵活性可使资源得到更有效的应用，不仅减少了航空电子系统功能而实现对资源的总需求，也便于支持新增的航空电子系统功能。

采用 IMA 可以降低航电系统设备的重量与功耗。由于共享了计算资源，可以用一个通用的 IMA 取代原来联合式航空电子系统的各种电路，从而减少了飞机的重量和功耗。

这种综合模块化系统综合促成了航电系统研发工作模式的改变，使得项目周期降低、费用减少和研制风险降低。特别是航空电子各系统功能的开发者们可专注于开发航电功能，而不必将资源浪费在开发机载计算机、操作系统的工作上。在这种环境下，航电功能开发者还可利用通用处理器研究驻留功能软件的开发，不仅减少了航电功能系统的研发负担，而且减少了相应的验证工作，由此降低开发费用和缩短设计周期。

IMA 的"开放性"结构可以提高航电系统开发效率和市场竞争能力。因为 IMA 应用了"开放式"系统接口，这种接口规范是公开的、非专利的，易于被航空工业界所获取与接受；它通过利用行业开放式标准和可移植的 IMA 元件的经验，可将研发成本分摊到多种应用开发中去；开放式系统接口还提供了一种使多个研发机构能并行工作的环境，从而实现了全面降低开发费用和缩短上市时间，进一步提高了航电系统开发效率。由于 IMA 的元件比全套硬件/软件设备包有更小的粒度，开放式的 IMA 标准创造了穿越飞机各种电子设备的应用软件的可移植性和行业竞争的行业环境，使一些小规模企业能在一个低于联合式航空电子系统层次的、产品或组件级水平参与到飞机航电设备市场行列中。开放式系统 IMA 开创了一个航空电子的新纪元，它降低了市场准入的投资壁垒，为崭新的市场竞争铺平了道路。

2) 劣势

IMA 因为减小重量、体积和功耗，过度的综合化带来了一些严重的影响。第一，资源的综合对系统综合化的处理能力、综合效率和功能有效性产生了严重影响；第二，功能综合对系统综合化功能品质、任务能力和有效性产生了严重影响；第三，系统综合对任务的资源与功能配置的不确定性和有效性带来了严重影响。因为 AFDX 网络为事件触发网络，所以不支持安全关键系统的综合。

IMA 由于采用了集中式架构，所以存在诸多不足。第一，系统管理只承担了通用处理与管理，子系统与输入输出管理能力弱；第二，主要接口资源没有实现综合，没有分系统实现前端综合；第三，采用事件性触发网络，总线利用率低下，并且不支持安全关键系统的综合；第四，由于资源的共享，同一个模块上运行多个功能，故障隔离能力差；第五，IMA 驻留多个航电功能应用，对系统级和飞机级验收认证造成了相当大的难度；第六，将计算资源集中起来统一配置，导致单机体积过大、功耗过高，需要采取有效的冷却措施，并且计算资源集中在一个区域，使得航电的其他功能所需的信号离设备物理距离较远，导致线缆的连接偏多。

相比于联合式航空电子系统，IMA 的复杂程度有了大幅的增加。以前功能程序一直寄宿在相对独立的联合式航空电子系统的各个子系统中，现在都储存在高度集成的系统中，共享如计算、I/O、电源等资源。这样，IMA 就存在着许多潜在的问题，如直接失效、级联失效和多重条件下的交互失效等。

联合式航空电子系统与 IMA 优劣对比如表 3.2 所示。

表 3.2　联合式航空电子系统与 IMA 优劣对比

	优势	劣势
联合式航空电子系统	子系统之间相互作用与故障传播的可能性极小	资源的共享程度低 系统扩展能力成本高 具有较高的系统复杂性
IMA	有效提升了资源利用率, 大幅降低了成本 提高了系统的可用性 减少了飞机的重量和功耗 降低了开发费用和缩短设计周期	子系统与输入/输出管理能力弱 主要接口资源没有实现综合, 没有分系统实现前端综合 总线利用率低下 故障隔离能力差

3.3　典型机型 IMA 架构特征分析

3.3.1　波音 777 飞机 IMA 架构特征分析

1995 年, 波音公司正式推出波音 777 飞机。Honeywell 公司为其提供了飞机信息管理系统(AIMS), 该系统采用了综合模块化结构, 是 IMA 在商用飞机中的第一个应用实例, 如图 3.5 所示。AIMS 为飞机中的 7 个子系统提供数据处理能

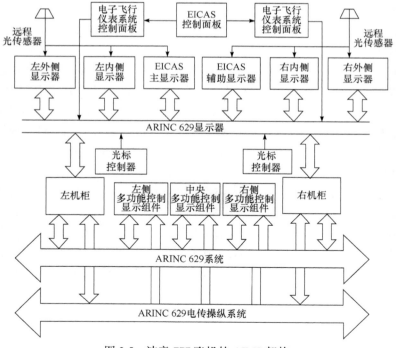

图 3.5　波音 777 飞机的 AIMS 架构

力，包括主显示系统(PDS)、中央维护计算系统(CMCS)、飞机状态监控系统(ACMS)、飞行数据记录器系统(FDRS)、数据通信管理系统(DCMS)、飞行管理计算机系统(FMCS)和推理管理计算机系统(TMCS)，其余子系统仍然采用传统的联合式结构[123]。

AIMS 安装于两个机柜之中，并通过 ARINC 629 总线、ARINC 429 总线以及离散 I/O 通道与飞机其他系统相连接。每个机柜内安插了 8 个外场可更换模块(LRM)，包括 4 个核心处理模块(core processor module，CPM)和 4 个输入输出模块(input output module，IOM)。此外，考虑到未来功能扩展的需要，还预留了 1 个 CPM 和 2 个 IOM 的插槽。CPM 负责 AIMS 中各种功能的运算，共有 4 种类型：CPM/COMM(中央处理/通信管理模块)、CPM/ACMF(中央处理/飞行状态监控功能模块)、CPM/BASIC(中央处理/基本模块)和 CPM/GG(中央处理/图像产生器模块)[112]。所有 IOM 具有相同的硬件和软件，它们负责传送 CPM 中的数据到其他机载系统，并从其他机载系统接收传送至 CPM 的数据。在机柜内部，模块之间的信息传递由高速背板总线 SAFEbus 提供，这种总线标准之后被发展为 ARINC 659 标准[124]。AIMS 机柜结构如图 3.6 所示[125]。

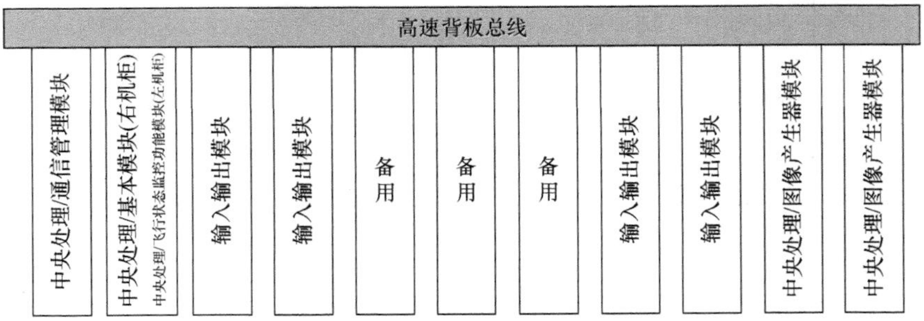

图 3.6　AIMS 机柜结构

每个 CPM 中均部署了多个不同关键级别的应用程序，如表 3.3 所示。为了能够对不同关键级别的应用程序进行独立认证，并且使不同的应用程序之间不相互破坏数据，Honeywell 公司开发了 Apex 操作系统，这种操作系统成了 ARINC 653 操作系统的基础。Apex 操作系统采用了"健壮分区"(robust partitioning)的方法对运行在同一处理器中的不同应用程序进行隔离。这种隔离措施要求不仅在空间上，而且在时间上对不同的应用程序进行划分。应用程序的存储器空间在运行之前就已经被分配好，每个应用程序均不能破坏其他应用程序存储空间内的数据，对于任意的存储页面，最多只有一个应用分区对其进行写访问。应用程序的处理器资源调度通过一组调度规则表来控制，调度规则表在运行前确定，并可以加载至模块中。每个应用程序在分配的处理器时间内占用处理器资源，其他应用程序在此时间段内不能抢占。

表 3.3　波音 777 飞机中的 CPM 包含的功能

模块类型	包含功能	所属系统
CPM/COMM	数据转换网关功能	AIMS
	中央维护计算功能	CMCS
	数据通信管理功能	DCMS
	驾驶舱通信功能	ACMS
	快速存储记录器功能	
	数字飞行数据采集功能	FDRS
CPM/ACMF	数据转换网关功能	AIMS
	飞行管理计算功能	FMCS
	推力管理计算功能	TMCS
	飞机状态监控功能	ACMS
CPM/BASIC	数据转换网关功能	AIMS
	飞行管理计算功能	FMCS
	推力管理计算功能	TMCS
CPM/GG	数据转换网关功能	AIMS
	主显示功能	PDS

随着航空电子技术的进步，Honeywell 公司后来又对波音 777 飞机的航空电子设备进行了升级，在每个机柜中安装的模块数增加至 10 个，但其重量却比原来的 AIMS 减轻 14.5kg，功耗减少 39%[126]。

3.3.2　波音 787 飞机 IMA 架构特征分析

波音 787 飞机的航空电子系统主要由通用核心系统(CCS)组成,如图3.7所示。CCS 由 Smiths 公司(已被 GE 收购)提供,它被称为波音 787 飞机的中央神经系统。CCS 不但综合了传统意义的航空电子系统功能，还综合了燃油系统、电源系统、液压系统、环控系统、防冰系统、防火系统、起落架系统、舱门系统等非传统航电系统的处理和控制功能。CCS 由公共处理资源(common computing resource, CCR)、公共数据网络(common data network, CDN)和远端数据集中(RDC)三部分共同组成。CCS 安装在两个机柜中形成冗余备份，每个机柜中分别装载 16 个相同的 LRM。将 16 个 LRM 分为 5 种不同的类型，即电源控制模块(power control module, PCM)、光纤转换器(fiber optic translator, FOX)、内部交换机(access control

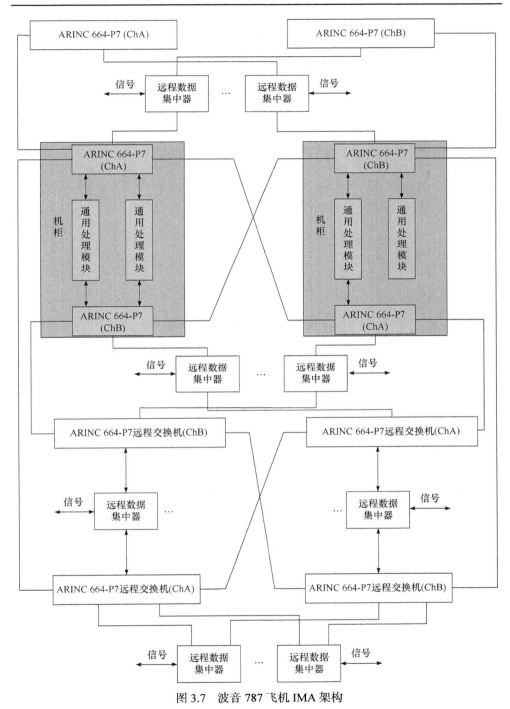

图 3.7　波音 787 飞机 IMA 架构

service, ACS)和图形产生器(graphic generator, GG)各为 2 个。除此之外，还包括 8 个 GPM。通信、导航、环控、飞行管理、显示、健康管理、构型管理和维修等大部分机载系统功能均由 CCS 控制完成。CCR 安装在两个机柜中，机柜之间通过 CDN(AFDX 数据总线)连接。与 AFDX 数据总线兼容的 LRU 通过 AFDX 交换机直接接入 CDN。此外，对于拥有模拟信号输出或者 ARINC 429 信号输出的 LRU，必须先将其与 RDC 连接，然后接入 CDN。

波音 787 飞机的航空电子系统是在波音 777 飞机的基础上进一步综合化而来，波音 777 飞机采用了近 80 个独立的计算机系统来满足约 100 种不同设备的应用需求，而波音 787 飞机的计算机系统则减少至 30 部[127]。波音 777 飞机与波音 787 飞机的航空电子系统的关系如图 3.8 所示[128]。

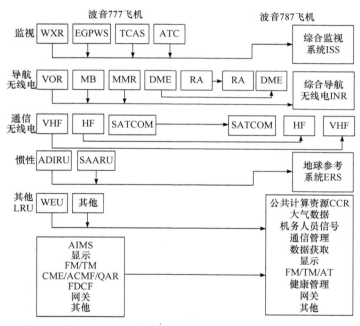

图 3.8　波音 777 飞机与波音 787 飞机的航空电子系统的关系

CCR 为波音 787 飞机提供了计算资源，从图 3.8 中可以看出，与波音 777 飞机的 AIMS 相比，CCR 综合了更多的功能。两个 CCR 机柜中共装载了 16 个 LRM，有 5 种不同的类型，分别是 8 个通用处理模块(general processing module, GPM)、2 个能源控制模块、2 个网络转换器、2 个光纤转换模块和 2 个图像产生器模块。每个 GPM 都使用 Wind River 公司的 VxWorks 653 分区操作系统，该操作系统除了为应用程序提供必需的服务外，还提供了健壮的分区机制用以支持不同安全关键级别的软件在同一个处理器上运行。

CDN 是 CCS 的数据通信网络，为 CCS 提供了铜介质接口和光纤接口。CDN 由 Rockwell Collins 公司提供，采用的是符合 ARINC 664 标准的 AFDX 网络，能支持 10~100Mb/s 的传输速率，并且有增长至 1Gb/s 的潜力，是商用飞机通信带宽的巨大飞跃。AFDX 是在标准因特网和 IEEE 802.3 协议的基础上改进而来的，其最大的特点是"确定性"和"可靠性"。CDN 中的核心节点是 AFDX 交换机，每个交换机具有 24 个全双工端口。这些交换机沿机身的左右两侧布置，每一侧都采用双冗余备份连接。在单个交换机故障，甚至不同的区域内存在第二个故障的情况下，AFDX 网络仍然可以正常通信。

波音 787 的 CCS 中共有 21 个 RDC。RDC 被用来替换传统的专用信号配线，将来自远端传感器和受动器的模拟和数字信号集中起来并传输至 CDN 中。RDC 可以通过配置文件进行配置，配置文件中可以指定特定 I/O 连接类型的处理模块，还能指定更新速率和网络数据格式。

波音 787 飞机利用 ARINC 664 定义的 AFDX 100 Mbps 技术。它使用两个紧密耦合的通用计算资源(CCR)机柜，并通过 RDC 的服务进行分布式 I/O 连接。与使用 16 个 AFDX 交换机网络的分布式系统的空中客车理论相反，CCR 代表了系统的通用计算核心。波音 78 飞机 7 GPM + RDC IMA 体系结构可被视为具有与空中客车 CPIOM 相同的组成元素，其中处理功能位于 CCS 中，而 I/O 功能位于 RDC 中，这些元素之间通过 ARINC 664 网络通信。如图 3.9 所示。每个 CCR 包括多个通用处理模块(GPM)和两个 ARINC 664 第 7 部分交换机(通道 A 和通道 B)。GPM 是一个独立的计算平台，承载核心软件，并为驻留的应用程序提供强大的分区环境和基础架构。基于 ARINC 653 标准的服务，包括 I/O，运行状况监视器以及非易失性文件存储和检索。时间窗口、循环时间、内存分配和 I/O 需求方面的计算资源通过配置文件传送到核心软件。所有这些分配都是通过分区机制强制执行的。CCR 机柜使用 100Base-FX 光纤星形集线器来互连高速数据总线元件。CCR 通过相互互连进行数据交换。它们还与飞机上的许多 RDC 和远程电源控制器(RPC)通信：根据配置，每个 RDC 和远程电源控制器(RPC)的范围在 25～30 之间。

RDC 具有本地接口，包括 A429、CANbus、模拟和离散信号，可与航空和飞机系统接口。可以认为它们的功能类似于 A350 体系结构中使用的 cRDC。

RPC 具有类似的功能，但与切换各种飞机负载的电源和监视状态有关。RPC 有效地提供了分布式电源管理系统。

CCR 和 RDC 硬件由航空电子系统集成商 GE Aviation 提供[107]。RPC 由 Hamilton Sundstrand 提供，而且还提供发电机和主配电板。波音 787 飞机的另一个主要特点是，这是一台"电动程度更高"的飞机，除发动机进气罩防冰外，该飞机的引气功能已被取消。以前由引气驱动的许多功能(例如飞机增压、机舱温度控制和机翼防冰)现在都是电驱动的，这给飞机带来了巨大的电力需求，飞机上

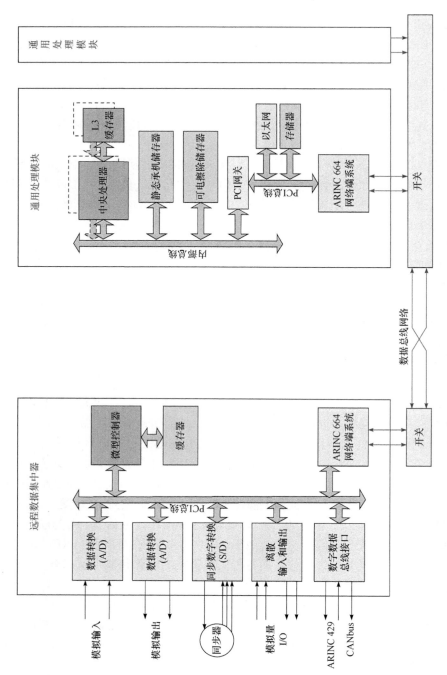

图3.9 波音787飞机结合GPM和RDC架构

每通道有 2 个 250kVA、230VAC 发电机，或者飞机上总共有 1MVA 用于主要发电。

3.3.3　空客 A380 飞机 IMA 架构特征分析

空中客车公司引入了集成航空电子系统的不同概念，A380 飞机的体系结构的基础是采用了使用快速交换以太网(100Base-T)双铜线总线的分组交换技术。该体系结构的中心是双冗余 AFDX 交换网络，包括以 100Mbps 操作的 AFDX 交换机。在图 3.10 中，AFDX 交换网络在中心显示，该网络由 8 对交换机组成，这些交换机根据其所属的航空电子领域而排列。双冗余交换网络纵向分布在整个飞机上，还包括左/右元件。

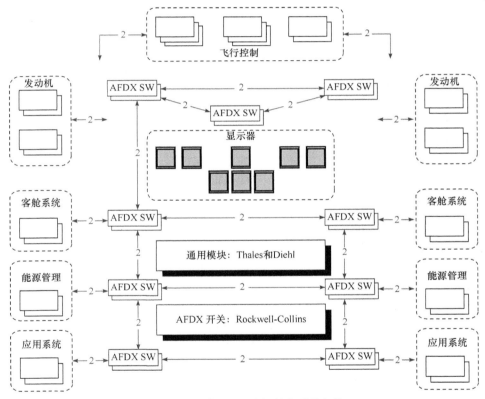

图 3.10　空客 A380 飞机航电系统架构

每个域中的航空电子功能是在一组计算机处理器输入/输出模块(CPIOM)中实现的。CPIOM 的一般体系结构如图 3.11 所示。它包括通用处理功能和一组 I/O 接口功能。应注意，CPIOM 体系结构反映了通用航空电子计算机体系结构。该实现使用最新 PowerPC(performance optimization with enhanced RISC-performance computing，有时简称 PPC)是一种精简指令集(RISC)架构的中央处理器(CPU)

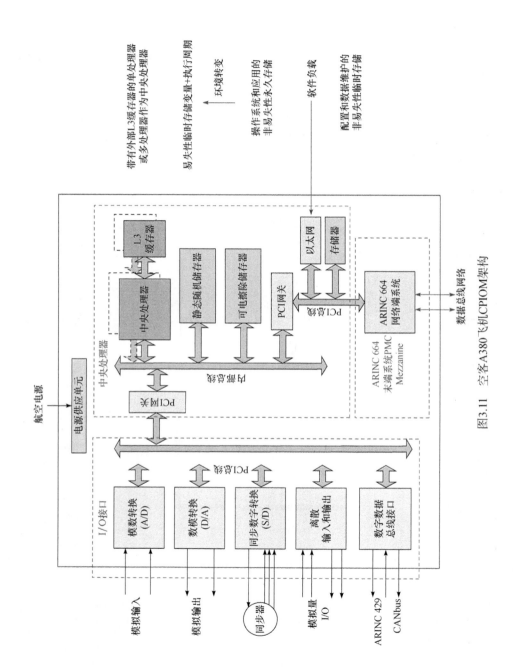

图3.11 空客A380飞机CPIOM架构

体系结构和内存技术。操作系统和应用程序软件加载飞机机载非易失性闪存中，并上传到 RAM 内存中。在运行时，通过上下文切换应用程序软件来确保分区。非易失性 RAM(NVRAM)提供了配置和维护数据的长期存储。外设部件互连标准(peripheral component interconnect，PCI)总线将 I/O 设备连接到 CPU 主系统总线。网络接口由 ARINC 664-P7 终端系统 PCI 夹层卡(PMC)提供，该夹层卡安装在 CPU 板上的第二个 PCI 插槽上。

　　空客 A380 飞机 CPIOM 的物理布置如图 3.12 所示。它由 ARINC 600 3MCU 机柜中包含的四个电路板组成。CPU 电路板和 I/O 公用板对于所有 CPIOM 都是公用的，其他 I/O 板是特定于域的。CPU 板和 I/O 板之间的互连是通过内部 PCI 总线进行的。AFDX 终端系统位于安装在 CPU 板上的 PMC 夹层板上。在空客 A380 飞机架构中，共有 7 种不同类型的 22 种 CPIOM，表 3.4 列出了每种 LRM 的数量以及模块中部署的应用。

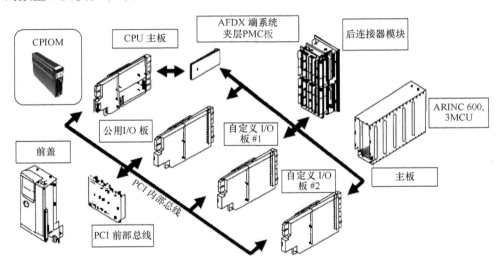

图 3.12　空客 A380 飞机 CPIOM 的物理布置

表 3.4　空客 A380 飞机中的 LRM

模块类型	数量	应用部署
CPIOM-A	4	客舱功能
CPIOM-B	4	空气管理
CPIOM-C	2	飞行控制及通信告警
CPIOM-D	2+1(可选)	数据链功能
CPIOM-E	2	电气系统

模块类型	数量	应用部署
CPIOM-F	4	燃油管理
CPIOM-G	4	起落架装置
IOM	8	输入/输出

其中中央处理器是通用的，每个 CPIOM 变体的属性由输入/输出(I/O)决定，此后由预期的系统功能决定。这些 CPIOM 在驾驶舱、客舱、能源和公共设施等众多功能领域中被利用。在公共设施领域，四个 CPIOM-F 和四个 CPIOM-G 分别为燃油和起落架功能提供了计算核心。此概念的主要优点是，可以在所有 CPIOM 变体中使用通用的开发工具和软件语言。空客 A380 飞机 CPIOM 职责如图 3.13 所示。

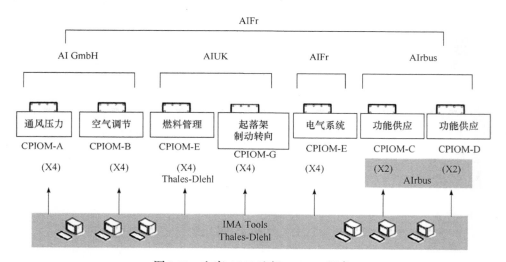

图 3.13　空客 A380 飞机 CPIOM 职责

在 A380 架构中，主要子系统供应商提供特定于系统的远程数据集中器(RDC)。例如，两个燃油量管理系统(FQMS)RDC 提供特定于燃油系统的接口，而三个起落架 RDC 提供到起落架和制动系统的接口。A400M 中央航空电子核心采用了类似的系统概念。

对于 A350，也使用了类似的概念。中央 AFDX 交换网络保持不变，但专用子系统 RDC 已被约 29 种类型的通用公共远程数据集中器(cRDC)取代。尽管CPIOM的变体数量从7个减少到了2个,但CPIOM的总数几乎保持不变(图3.14)。这种进一步的硬件整合引起了以下问题：

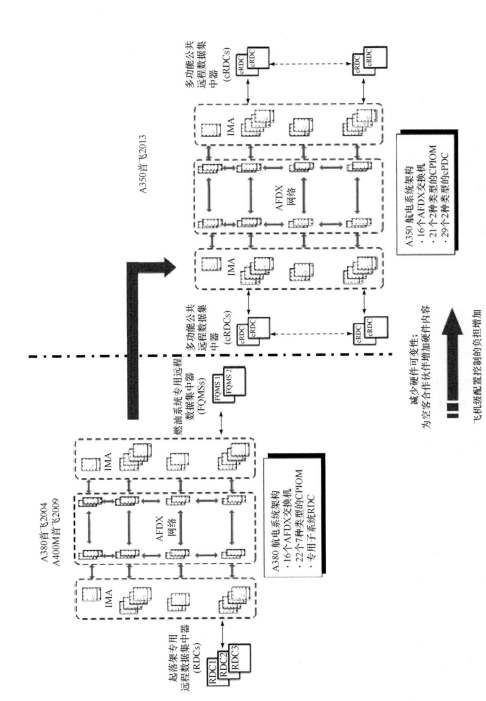

图3.14　空客A380飞机和空客A350飞机航空电子系统体系结构的顶层比较

(1) 减少硬件可变性；

(2) 为空客合作伙伴增加硬件内容，以至于子系统供应商为此付出了代价；

(3) 飞机级配置控制的负担增加，因为整个系统的配置主要由 cRDC 配置决定。

由于 A380 航空电子系统中的数据通信交换机和 IMA 模块都是根据通用的 ARINC 标准来设计的，因此 A380 的航空电子系统对于潜在的航空电子制造商来说是开放的[131]。开放式 IMA 技术带来的好处是，飞机制造商可以通过第三方航空电子供应商获取模块和通信设备，从而为开放式 IMA 标准培育一个市场，并通过竞争来控制成本。

3.3.4　三种机型 IMA 架构特征对比分析

下面从功能、系统结构、全局数据总线和操作系统等四个方面对上述三种机型的 IMA 进行对比分析，如表 3.5 所示。

表 3.5　三种典型机型的 IMA 对比

	波音 777	波音 787	空客 A380
功能	仅含航电系统功能	航电系统功能及其他处理、控制功能	航电系统功能及其他处理、控制功能
系统结构	采用机柜安装 LRM，通过背板总线进行通信	采用机柜安装 LRM，通过背板总线进行通信	不采用机柜，LRM 分散放置于机身各处，通过全局数据总线 AFDX 网络进行通信
全局数据总线	采用 ARINC 629 全局总线	采用符合 ARINC664 规范的 AFDX 网络作为其全局数据总线	采用符合 ARINC664 规范的 AFDX 网络作为其全局数据总线
操作系统	采用 Honeywell 公司开发的 Apex 操作系统	采用 Wind River 公司开发的操作系统	采用 Thales 公司开发的操作系统

(1) 功能。

波音 777 飞机的 IMA 中包含的 7 个子系统均属于航空电子系统功能，而波音 787 和空客 A380 的 IMA 中不仅综合了传统意义的航空电子系统功能，还综合了若干非传统航电系统的处理和控制功能。一般而言，IMA 综合的功能越多，则系统的综合化程度越高。

(2) 系统结构。

上述三种机型的 IMA 均采用了分布式结构。波音 777 和波音 787 的 IMA 中采用了机柜来安装 LRM，机柜内不同 LRM 之间通过背板总线进行通信。采用机柜来集中安装 LRM 可以在 LRM 之间共享硬件资源，如背板总线、供电模块、I/O 模块等。

空客 A380 的 IMA 没有采用机柜，而是将 LRM 分散放置于机身各处，通过全局数据总线 AFDX 网络进行通信。采用这种结构可以简化系统设计，既不用设计机柜和背板总线，也能减轻由于模块集中而带来的散热压力。

(3) 全局数据总线。

波音 777 采用 ARINC 629 全局总线，该数据总线为波音公司针对波音 777 项目开发的技术，它是一种双向总线，可支持最多 120 个数据终端以及高达 2Mb/s 的数据率。由于该技术需要定制硬件支持，并且没有得到其他飞机制造厂商的认可，因此会增加生产成本。波音 787 和空客 A380 采用符合 ARINC 664 规范的 AFDX 网络作为其全局数据总线。

AFDX 网络由工业标准的以太网通信协议经过适应性改进而来，具有相对更高的可靠性、适应性和实时性，传输速率可达 10~100Mb/s。

(4) 操作系统。

波音 777 采用 Honeywell 公司开发的 Apex 操作系统，ARINC 653 规范就是在该操作系统的基础上发展而来。波音 787 和空客 A380 的 IMA 分别采用了 Wind River 和 Thales 公司开发的操作系统，两种操作系统均提供了基于 ARINC 653 规范的标准应用程序接口。可见，ARINC 653 规范已经成为大型民用飞机 IMA 中使用的主流标准。

3.4　基于 FTGPN 的建模方法

对 IMA 平台系统架构进行安全性建模分析的方法有很多[128-141]，但没有一种方法是根据 IMA 平台系统动静态的特点进行建模的。对 FTA 和 GSPN 方法进行合理结合形成的 FTGPN 方法就是一种动静态结合的安全性建模方法。

3.4.1　FTGPN 建模

GSPN 由库所(圆形)、变迁(矩形条)、有向弧和标记(黑色库所)组成。有向弧将输入库所连接到变迁或将变迁连接到输出库所。库所"P"代表组件的状态或条件。变迁"T"描述从输入到输出库所的状态变化。但是，库所流的方向由有向弧确定。每个弧都有一个权重，它描述与弧相连库所的迁移能力。仅当输入库所的库所权重等于或大于圆弧权重[142-144]时，才会触发变迁。

在 SPN 中，如果触发变迁，则库所将等待直到触发延迟。一旦触发延迟结束，库所便会从初始库所迁移到最终库所，并且库所的迁移数量取决于输入和输出功能。将 SPN 扩展到 GSPN，除 SPN 功能外，还添加两个新功能，即瞬时变迁触发和禁止弧(用于在输入库所中存在库所时禁用变迁)。

M_i 从 M_0 变迁转换而来，如图 3.15 所示，M 由 $\{P_1, P_2, P_3\}$ 表示。M_0 为 $\{1,0,0\}$。当启用时间变迁 T_1 时，达到新状态 $M_1\{0,1,0\}$。M_1 状态为瞬时状态，因为立即开

启瞬时变迁 T_2，同时达到稳定状态 $M_2\{0,0,1\}$。M_0、M_1 和 M_2 是简单系统的可达性集。M_0 和 M_2 是稳定状态，而 M_1 是瞬时状态。

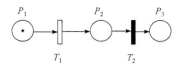

图 3.15　简单 GSPN 模型

在图 3.16 中用一个简单的示例清楚地描述 FTGPN。组件 Z_1 的故障由 "Z_1" 表示，而组件 Z_2 的故障由 "Z_2" 表示，故障树使用 λ_{z_1} 和 μ_{z_1} 作为组件 Z_1 的故

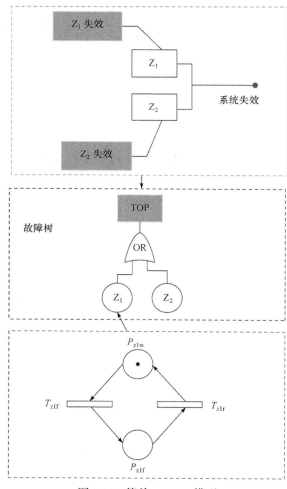

图 3.16　简单 FTGPN 模型

障率和修复率进行定量分析。如果组件 Z_1 发生故障，则 FTGPN 将使用 GSPN 模型来表示 Z_1 的故障行为。

　　首先，故障树通过演绎逻辑清楚地识别区域系统的顺序，并创建系统的顶层；其次，创建每个区域系统的 GSPN 模型；再次，根据故障树的结构合成所有区域系统的 GSPN 模型，即整个系统的 FTGPN 模型；最后，使用 PIPE2 工具进行安全性分析。以下各节将详细介绍如何为 IMA 平台系统架构建立 FTGPN 模型。

3.4.2　IMA 平台系统的 FTA 模型

　　通常为保证 GSPN 模型正确有效而进行的一些假设，假设以下条件成立。
　　假设 1：系统各单元只有两种状态，分别为故障和正常。
　　假设 2：系统中各组件故障相互独立，且不会有两个或多个组件同时发生故障。
　　假设 3：假设维修设备以及机务维修工程师充足，组件发生故障可立即修复后恢复正常状态。
　　假设 4：系统建模组件从正常到故障的过程服从参数为 λ 的泊松分布。
　　假设 5：系统建模组件从故障到正常的维修过程服从参数为 μ 的泊松分布。
　　如图 3.17 所示为 IMA 平台系统架构的故障树模型，用以显示其故障的传播关系。远程数据集中器故障用 B 表示，ARINC 664 网络信道 A 故障用 C_1 表示，ARINC 664 网络信道 B 故障用 C_2 表示，以与门引发网络通信故障，网络通信故障由 C 表示。处理器故障由 D 表示，存储器故障用 E 表示，操作系统故障用 H 表示，终端系统功能软件故障用 G 表示，或门引发通用处理模块故障，通用处理模块由 M 表示。远程数据集中器 B、网络通信故障 C 和通用处理模块 M，以或门引发 IMA 平台架构故障，IMA 平台架构故障由 A 表示。

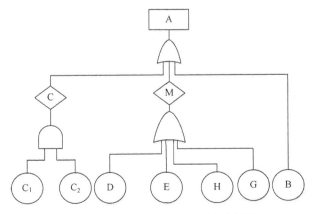

图 3.17　IMA 平台系统架构的故障树模型

3.4.3　IMA 平台系统的 FTGPN 模型

基于模块思想,首先建立通用处理模块(GPM)的 GSPN 模型和基于 ARINC 664 标准的共享通信系统的 GSPN 模型,进一步综合得到 IMA 平台系统的全局 GSPN 模型。

3.4.3.1　通用处理模块的 GSPN 模型

通用处理模块的 GSPN 模型如图 3.18 所示,模型说明见表 3.6 和表 3.7。模型的工作过程:首先模型初始化,模型展示如图 3.18 所示。此时,通用处理模块正常工作,某个随机时间后,假设处理器由工作状态 P_{dw} 变为故障状态 P_{df}(库所 P_{mn} 标记个数为 1,用以禁止通用处理模块中其他工作单元发生故障),则即时变迁 T_{mf} 被激活,通用处理模块由工作状态 P_{mw} 变为故障状态 P_{mf}。再经过某个随机时间后,假设通用处理模块模型中处理器得到维修,其由故障状态 P_{df} 变为工作状态 P_{dw}(库所 P_{df} 和 P_{mn} 的标记都消失),处理器模块工作状态也由 P_{mf} 变为工作状态 P_{mw},表明处理器模块恢复工作状态。

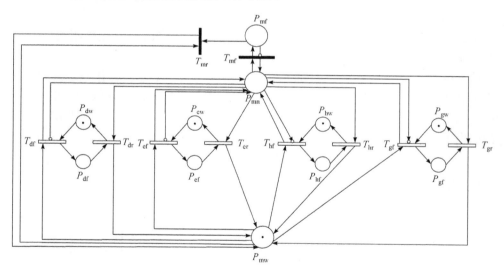

图 3.18　通用处理模块的 GSPN 模型

表 3.6　通用处理器 GSPN 模型主要库所及其含义

名称	含义
P_{mw}	处理器模块正常工作
P_{mf}	处理器模块故障状态

续表

名称	含义
P_{dw}	处理器正常工作
P_{df}	处理器故障状态
P_{ew}	存储器正常工作
P_{ef}	存储器故障状态
P_{hw}	操作系统正常工作
P_{hf}	操作系统故障状态
P_{gw}	应用软件正常工作
P_{gf}	应用软件故障状态
P_{mn}	处于故障状态的单元个数

表 3.7 通用处理器 GSPN 模型主要变迁及其含义

名称	含义
T_{mr}	处理器模块故障修复
T_{mf}	处理器模块发生故障
T_{dr}	处理器故障修复
T_{df}	处理器发生故障
T_{er}	存储器故障修复
T_{ef}	存储器发生故障
T_{hr}	操作系统故障修复
T_{hf}	操作系统发生故障
T_{gr}	功能软件故障修复
T_{gf}	功能软件发生故障

3.4.3.2 基于 ARINC 664 标准的共享网络系统的 GSPN 模型

基于 ARINC 664 标准的共享网络系统 GSPN 模型如图 3.19 所示，关于模型的详细描述见表 3.8 和表 3.9。其 GSPN 模型工作过程为：首先模型初始化，模型标识如图 3.19 所示，此时，整个共享网络系统正常工作，某个随机时间后，假设共享网络信道 A 由工作状态 P_{c1w} 转化为故障状态 P_{c1f}，同时库所 P_{cw} 的标记个数由 2 变为 1，随之库所 P_{cn} 的个数由 0 变为 1。当库所 P_{cw} 的标记个数变成 0，同时库所 P_{cn} 的个数变为 2 时，即时变迁 T_{cf} 被激活，共享网络系统变为故障状态 P_{cf}。再经过某个随机时间后，假设共享网络信道 A 由故障状态 P_{c1f} 变为工作状态 P_{c1w}，则共享网络系统又恢复工作状态 P_{cw}。

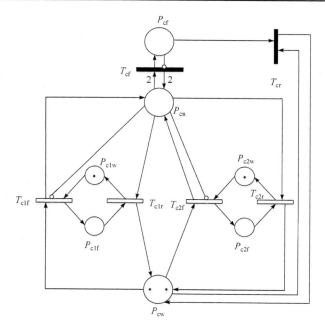

图 3.19 基于 ARINC 664 标准的共享网络系统 GSPN 模型

表 3.8 共享网络系统主要库所及其含义

名称	含义
P_{cw}	共享网络系统正常工作以及共享信道的条数
P_{cf}	共享网络系统故障状态
P_{c1w}	共享网络信道 A 正常工作
P_{c1f}	共享网络信道 A 故障状态
P_{c2w}	共享网络信道 B 正常工作
P_{c2f}	共享网络信道 B 故障状态
P_{cn}	处于故障状态的信道条数

表 3.9 共享网络系统主要变迁及其含义

名称	含义
T_{cf}	共享网络系统发生故障
T_{cr}	共享网络系统故障修复
T_{c1f}	共享网络信道 A 发生故障
T_{c1r}	共享网络信道 A 故障修复
T_{c2f}	共享网络信道 B 发生故障
T_{c2r}	共享网络信道 B 故障修复

3.4.3.3　IMA 平台系统的 GSPN 全局模型

IMA 平台系统的 GSPN 全局模型如图 3.20 所示。其 GSPN 模型工作过程为：最初 IMA 平台系统正常工作，在某个随机时间后，假设远程数据集中器发生故障，变迁 T_{bf} 激活，同时 IMA 平台系统变为故障状态 P_{af}。再经过某个随机时间后，远程数据集中器恢复正常工作，变迁 T_{br} 激活，同时库所 P_{af} 的标记消失，表明 IMA 平台系统恢复正常工作。

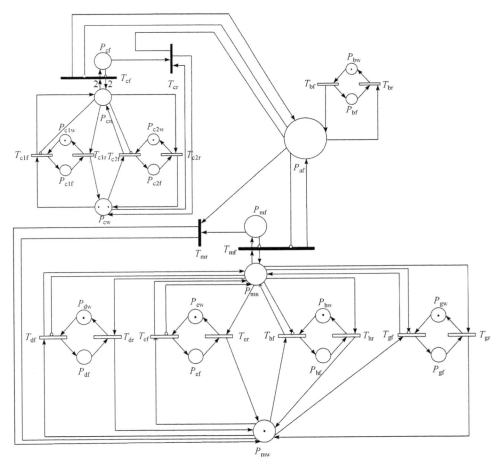

图 3.20　IMA 平台系统的 GSPN 全局模型

对 IMA 的 FTGPN 模型，使用工具 PIPE2[145,146]进行安全性分析。PIPE2 是开源工具，支持创建和分析 Petri 网，具有图形用户界面，允许用户创建随机 Petri 网模型。此外，该工具中的分析环境包括不同的模块，例如稳态分析、可达性/可覆盖性图形分析和 GSPN 分析[146]。如图 3.20 所示，在 PIPE2 中创建 FTGPN

模型，可以通过 GSPN 分析获得表 3.10 和表 3.11 中的结果。如表 3.10 所示，IMA 的正常状态为 M_0、M_5 和 M_6，P_{af} 中的库所数为 0，并且 M_0、M_5 和 M_6 的总值为 0.89213。在表 3.11 中，当库所数为 $0(\mu=0)$ 时，它等于 P_{af} 的概率，即 IMA 正常运行状态的概率为 0.89213。

表 3.10　稳态集合

	M_0	M_1	M_2	M_3	M_4	M_5	M_6	M_7	M_8	M_9	M_{10}	M_{11}	M_{12}	M_{13}	M_{14}
P_{af}	0	1	1	1	1	0	0	1	1	1	1	1	1	1	1
P_{bf}	0	0	0	0	0	0	0	0	0	0	0	0	0	0	0
P_{bw}	0	0	0	0	0	0	0	0	0	0	0	0	0	0	0
P_{c1f}	0	0	0	0	0	0	1	0	1	0	1	0	1	0	1
P_{c1w}	1	1	1	1	1	1	0	1	0	1	0	1	0	1	0
P_{c2f}	0	0	0	0	0	1	0	1	0	1	0	1	0	1	0
P_{c2w}	1	1	1	1	1	0	1	0	1	0	1	0	1	0	1
P_{cf}	0	0	0	0	0	0	0	0	0	0	0	0	0	0	0
P_{cn}	0	0	0	0	0	1	1	1	1	1	1	1	1	1	1
P_{cw}	2	2	2	2	2	1	1	1	1	1	1	1	1	1	1
P_{df}	0	0	0	0	1	0	0	0	0	0	0	0	0	1	1
P_{dw}	1	1	1	1	0	1	1	1	1	1	1	1	0	0	0
P_{ef}	0	0	0	1	0	0	0	0	0	0	0	1	1	0	0
P_{ew}	1	1	1	0	1	1	1	1	1	1	1	0	0	1	1
P_{gf}	0	0	1	1	0	0	0	0	0	1	1	0	0	1	1
P_{gw}	1	1	0	0	1	1	1	1	1	0	0	1	1	1	1
P_{hf}	0	1	0	0	0	0	0	1	1	0	0	0	0	0	0
P_{hw}	1	0	1	1	1	1	1	0	0	1	1	1	1	1	1
P_{mf}	0	1	1	1	1	0	0	1	1	1	1	1	1	1	1
P_{mn}	0	1	1	1	1	0	0	1	1	1	1	1	1	1	1
P_{mw}	1	0	0	0	0	1	1	0	0	0	0	0	0	0	0

表 3.11　库所概率分布

	P_{af}	P_{bf}	P_{bw}	P_{c1f}	P_{c1w}	P_{c2f}	P_{c2w}
$\mu=0$	0.89213	1	1	0.98077	0.01923	0.98077	0.01923
$\mu=1$	0.10787	0	0	0.01923	0.98077	0.01923	0.98077
$\mu=2$	0	0	0	0	0	0	0

	P_{cf}	P_{cn}	P_{cw}	P_{df}	P_{dw}	P_{ef}	P_{ew}
$\mu=0$	1	0.96154	0	0.98216	0.01784	0.99108	0.00892
$\mu=1$	0	0.03846	0.03846	0.01784	0.98216	0.00892	0.99108
$\mu=2$	0	0	0.96154	0	0	0	0

续表

	P_{gf}	P_{gw}	P_{hf}	P_{hw}	P_{mf}	P_{mn}	P_{mw}
$\mu=0$	0.95945	0.04055	0.95945	0.04055	0.89213	0.89213	0.10787
$\mu=1$	0.04055	0.95945	0.04055	0.95945	0.10787	0.10787	0.89213
$\mu=2$	0	0	0	0	0	0	0

　　IMA 的 FTGPN 模型的可达性图，如图 3.21 所示。图的每个组件都标识 IMA 的某一个状态，初始状态是组件 S_0。已知 $S_0=\{0,0,0,0,1,0,1,0,0,2,0,1,0,1,0,1,0,1,0,$ $0,1\}$，由每个位置的库所数量表示，其对应 M_0 状态。稳定状态用红色表示，而蓝色表示瞬时状态。如图 3.21 所示，通过触发变迁来改变状态。例如状态 $S_0(M_0)$ 由变迁 T_{c1f} 触发后变为 $S_6(M_6)$，同时状态 $S_0(M_0)$ 由变迁 T_{c2f} 触发后变为 $S_5(M_5)$。可达图 3.21 的每个小部分都是一个闭环，例如 $S_6(M_6)$ 由变迁 T_{df} 触发，并变为 S_{18}。然后，由变迁 T_{mf} 触发 S_{18} 并变为 S_{27}。S_{27} 被变迁 T_{dr} 激发并变成 S_{29}。最后，变迁 T_{mr} 触发 S_{29}，并最终返回到 $S_6(M_6)$。整个过程是一个闭环，在图 3.21 中用紫色标出，可达图由许多闭环组成。根据可达图，可以进行更深入的定量分析研究。

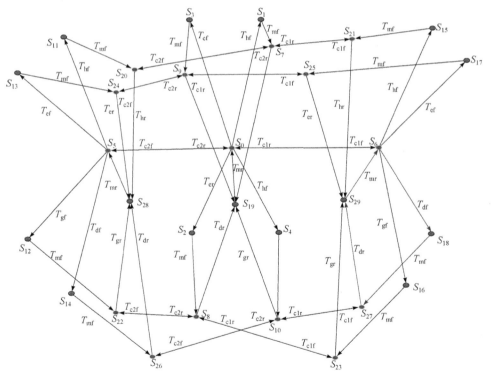

图 3.21　IMA 的 FTGPN 模型的可达性图(彩图请扫封底二维码)

用不同的初始随机触发，对 FTGPN 模型进行仿真分析。库所分布已通过 100、500、1000 个随机触发进行更新，如图 3.22 所示。

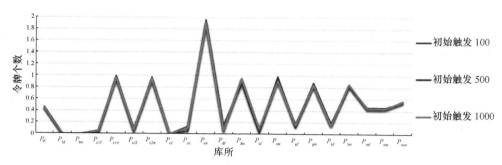

图 3.22　不同数量触发的库所分布

图 3.22 中的图形显示三条线几乎重合。最高点是 P_{cw}，库所的平均数量接近 2，而最低点是 P_{bf}、P_{bw} 和 P_{cf}。P_{bw} 不是期望值，应制定相应的对策并使其达到 1。显然，对 FTGPN 模型的仿真使用户可以更直观地分析 IMA 的故障行为。实际上 IMA 的 FTGPN 模型的安全性与实际的情况有差别。例如在飞机飞行过程中，IMA 无法进行修复。此研究只是一种相对理想的状态，后续需要深入研究，使其尽量与实际相符。

3.5　小　　结

本章先对 IMA 体系结构进行详述，包括 IMA 的适航标准、IMA 的结构与特点、IMA 工作原理，并将 IMA 与联合式航空电子系统进行对比。相较于联合式航空电子系统，IMA 资源利用率更高、成本更低、系统管理更加综合，提升了系统的有效性和生存性，但复杂程度却大幅地增加，且存在着许多潜在的问题，如直接失效、级联失效和多重条件下的交互失效等。然后，提出了 FTGPN 方法，并对 IMA 平台系统架构创建 FTGPN 模型，从而进行了动态安全性分析。FTGPN 方法充分利用动静态相结合的安全性分析，是对传统安全性分析方法的一种补充。首先引入 FTA 为 IMA 平台系统架构的顶层创建静态模型，然后采用 GSPN 来构建每个区域系统的动态模型，最后利用 PIPE2 工具对 FTGPN 模型进行动态安全性分析，为 IMA 平台系统架构的设计提供安全性分析支撑。FTGPN 模型综合了 FTA 静态安全性分析功能和 GSPN 的动态安全性分析功能，两者的集成是对复杂的交互式 IMA 平台系统架构进行安全分析的有效工具。

第 4 章　面向组件的 IMA 失效影响分析方法

4.1　引　　言

无论是空客 A380 还是波音 787，都把系统综合化技术和能力作为航空电子系统发展最为核心的技术和能力。功能相互独立、物理结构和信息高度综合的开放式 IMA，实现了系统功能和资源的高度共享与复用，有效减少了资源配置并降低了能耗，提升了资源利用率及系统整体效能。IMA 设计是多学科融合的过程，涉及航空电子、通信、外围设备等。据统计，系统的设计成本占总成本的 10%～15%，但是却可以传递、影响到系统的制造、使用、维护和回收阶段。

在网络中，一个或少数几个节点或连线的失效会通过节点之间的耦合关系引发其他节点也发生失效，进而产生级联效应，最终导致相当一部分节点甚至整个网络的崩溃，这种现象就称为级联失效。IMA 存在大量底层数据资源，为上层功能融合提供技术支撑。IMA 高度耦合、网络高速互连的特点，使系统内逻辑关系更趋复杂，这种综合化系统对单个共享资源故障的容忍程度很低。一旦 IMA 发生故障，其内部的级联关系就能引发整个系统崩溃，增加系统的内在危险，将会对多个部件、模块、系统甚至飞机安全性带来威胁。因此，分析 IMA 的失效影响和级联失效影响，对保障飞机运行安全、降低运行风险都至关重要。

本章通过分析 IMA 级联失效发生的原因和传播机制，建立了级联失效的机理模型，在此基础上，给出了五种级联失效影响分析方法，包括四种定性分析方法和一种定量分析方法，为安全评估过程和飞行员应急程序的准备提供了非常有用的输入。

4.2　IMA 级联失效及原因分析

IMA 平台系统充当具有不同关键程度的多个飞机系统(以下称为 IMA 用户系统)的 IMA，以提供计算、数据传输和数据转换服务。通常，IMA 由通用处理模块、远程数据接口单元(RDIU)和 ARINC 664 网络交换机组成，并配置两组设备组成冗余体系结构。IMA 本身没有独立的飞机或系统级功能，而是依靠外部接口、传感器、执行器或其他系统来实现特定功能。因此，IMA 的功能取决于 IMA 用户系统如何使用 IMA 平台系统资源。由 IMA 用户系统分配的不同任务可以利用相同的 IMA 组件(通

用处理模块、数据接口单元、ARINC 664 网络交换机、终端系统、电力调节模块等)
并共享组件的资源。此外，一些飞机功能之间存在交互作用，其中部分功能是通过
IMA 实现的。IMA 的故障将直接或间接影响飞机或其系统的正常运行。

　　由于 IMA 不是纯粹的飞机功能系统，因此一般的失效分析方法很难证明
IMA 是否符合适航法规。基于 IMA 组件的整体失效分析方法从单独和组合的
IMA 组件开始，并收集 IMA 组件所涉及的功能。因此，该方法本质上是利用自
下而上的方法来获取 IMA 的功能。多位学者关于 IMA 的级联失效分析问题建立
了失效分析方法，例如，Conmy 和 McDermid 提出了一种由 IMA 功能相关指导
词驱动的故障分析技术。指导词用于为每个 IMA 功能生成与预期行为的偏差。
对每个偏差生成一组原因及相关的缓解策略。该方法基于逻辑分析，真实性和概
率性需要额外的判断。此外，很难确认 IMA 故障的完整性，无法获得 IMA 的故
障影响；Cody 和 Nancy 提出了一种新事故因果关系模型——系统理论事故模型
和过程(STAMP)，该模型扩展了事故类型和原因，考虑事故和原因以及事件之间
的反馈关系，但是需要构建 IMA 与其他系统交互的行为模型。

4.2.1　IMA 级联失效的原因

　　IMA 级联失效的原因主要有硬件故障、软件错误、人为因素、子系统接口失
效、功能缺陷和环境影响，具体如图 4.1 所示。

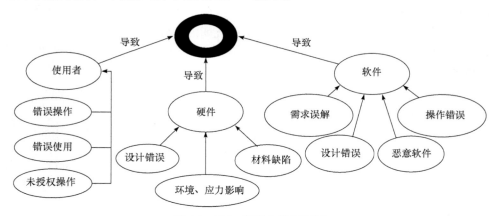

图 4.1　IMA 级联失效的原因

　　随着系统综合化深度的增加，计算资源(如 CPU)和嵌入式软件在机载系统
中的广泛应用，其在带来系统效益提升的同时也使得系统变得更加复杂(存在
密集交互和共享、重用)，现有的仅依赖于工程经验和对系统理解的安全性分
析方法就无法有效地解决深度综合化的安全性分析问题。IMA 失效影响包括
以下三个方面。

(1) 物理综合产生的系统危害。

物理综合的对象主要是具有并发、共享特性的部件(硬件、软件)，即多道资源。多道资源综合指的是能够通过时分多路、空分多路等方式来实现资源的共享和重用，从而减少资源配置，提高资源的效能。例如基于软件无线电的综合通信、基于通用指令系统、基于虚链路的网络和基于变频的二次电源分配以及传感器物理结构上的综合。多道资源综合在带来效能提升的同时，会由于共享资源缺陷而引起故障关联传播或继承传递问题，导致不同功能的故障相互感染，从而引起更大的安全性问题，即系统危害共因问题，具体包括：多道资源共享故障关联危害、多道复用应用故障关联危害和多道继承结果故障关联危害。

(2) 信息融合产生的系统危害。

IMA 的主要特点体现在系统平台一体化信息处理、前端系统及传感器一体化信号处理、综合互连一体化信息传输，采用信息综合与协同优化的设计思想，即多源功能信息融合，以有效提升系统的效能。多源功能信息融合包括两个层面：一方面指传统的多传感器的数据在一定准则下加以自动分析、综合以完成所需的决策和评估而进行的信息处理过程；另一方面指由于功能的执行而引起的信息处理过程的重用或能力的综合，将多个一维数据转化为一个高维数据。功能信息融合在带来信息品质提升的同时也面临着综合的功能处理面增强与功能交联关系复杂带来的故障难以确定的问题，以及在低维数据上的轻微故障引起高维数据空间内的故障危害度扩散的现象。具体包括多源传感器能力成分缺陷危害、多源元素性能成分缺陷危害和多源功能专业成分缺陷危害。

(3) 任务合成产生的系统危害。

航空电子系统的任务就是为了满足系统需求目标而需要多个系统资源、功能协同的过程，其本质上是一个系统状态变迁的过程。现实中一个用户的需求目标(任务)往往需要由多个合成，包含两个层面的含义：一方面依据总体用户需求，结合航空电子系统资源和功能能力，将需求逐步分解到具备相应能力(满足需求的能力)的资源和功能上，即任务执行计划的生成过程；另一方面是执行过程，基于任务计划依据当前资源、功能能力和系统状态，实时选择合适的路径来执行任务，即任务合成。在多重任务合成过程中，面临着多重能力组织状态问题、多重过程状态组织问题和多重任务状态组织问题，单个资源缺陷、功能错误或任务故障通过任务合成会引起合成后的任务故障，难以诊断故障危害度扩大的安全性问题。具体包括多重能力组织状态失效的危害、多重过程状态组织失效的危害和多重任务状态组织失效的危害。

4.2.2　IMA 级联失效的类型

IMA 发生失效/故障的危险往往是由多种事件构成的，可将其分为三类：危险要素、触发机制以及对象/威胁。危险要素是构成危险的基本条件，因此本节主要分析影响 IMA 的危险因素。相关研究中，将航空电子系统危险因素划分为五类，包括人为因素、硬件故障、软件错误、接口因素以及环境因素。在此基础上对危险因素总结分类，将影响 IMA 的危险因素归纳为故障型危险因素、偏差型危险因素和缺陷型危险因素。

1. 故障型危险因素

故障型危险因素是典型的危险因素。在系统安全性的研究中，通常将故障作为起始点，分析系统出现故障后，对系统安全的影响。本部分针对所研究的 IMA，认为故障来源于底层资源，现将 IMA 资源故障型危险因素归纳为两种类型。

物理资源故障危险因素：包含硬件故障和软件错误。硬件故障和传统的意义相同，是指产品或部件发生物理性的损坏，导致系统功能丧失。例如，在 IMA 中，有采集数据的硬件传感器的故障危险、负责数据传输的总线故障危险、IMA 平台上的通用功能模块的故障危险以及机柜设备故障危险。软件错误包括故障、失效和缺陷。软件错误一般是软件运行过程中出现的一种不期望或不可接受的内部状态，或者是软件运行时产生的一种不可接受的外部行为结果，以及那些存在于软件之中的不希望或不可接受的偏差。很多软件错误最终会以物理资源故障为表现结果，只是其根源不同。这些物理资源故障危险因素通常可以通过冗余、状态监控、维修保障设计来规避影响。例如，ASAAC 规范中定义的通用功能模块(CFM)，它们均是外场可更换模块(LRM)，这些 CFM 的设计可以保证模块及时更换维护。

数据资源错误危险因素：表现为得到的数据结果不在预期的范围内。不正确的数据范围以及不一致的数据等都属于数据资源错误。对于 IMA 这种复杂系统，一个共享数据资源的错误就会引起整个系统的失效。为避免此类错误出现，可以对计算数据进行多维比较、验证，通过管理、余度设计来规避影响。

某种形式的"故障安全"设计概念通常可通过冗余和系统、组件和元件的隔离来实现基本飞机系统所需的高水平安全性，但是该方法对于共模失效或可能导致飞机以不可接受的概率水平进入危险状况的级联失效可能无效。评估故障条件时，特别需要关注的是级联失效。级联失效是一种特殊类型的共模失效，其中单个事件(本身不一定是危险的)可能引发一系列其他失效。级联失效不是单点故障，也不是多个并发故障的发生，而是系统/网络中的组件故障将通过正常的系统动态或行为引起其他组件故障的事件。

级联失效场景是一种初始失效会导致后续失效，或由于直接影响(例如，发生故障的组件撞击或烧毁另一个系统组件)而增加后续失效的可能性，或由于间接影响（例如，最初的失效）增加了其他系统元件的负载，而增加失效的可能性。级联失效被认为是"低概率高后果事件"。在多通道系统中，通道通常共享系统的总负载，因此，如果一个通道发生故障，则其负载或部分负载将在其余"正常"

通道之间共享。负载的增加可能会导致其余通道的故障率有所增加。这种情况适用于电气或液压系统，数据传输网络或机械系统，例如飞行控制系统，其中两个或三个执行器共享总负载。额外的负载而导致的多通道系统故障率增加可能对组合故障的风险产生显著影响。负载增加而导致的后续故障可能是瞬时的，也可能会延迟一段时间。级联研究也可以用来分析系统破坏行为的脆弱性。

"经典"级联失效的特征是故障快速传播，但即使故障传播在较长的时间范围内扩散，也必须考虑最终导致危险情况的因果事件链。此外，触发事件可能是永久性故障或暂时性故障。因此，时间因素是级联失效的重要属性，需要在分析中考虑。级联失效是设备故障的发展和产生的另一个原因。级联失效的基本特征是初始失效影响在整个系统或在不同系统之间传播。多米诺效应是级联失效的主要特征，当对飞机几乎没有或没有不利影响的初始事件被层层传播，而随后的一些故障会产生危险的后果。

鉴于越来越多的大型相互关联应用程序被部署到现代高度复杂飞机系统中，开发人员应考虑级联失效的影响并采取措施缓解这些失效。受级联失效影响的系统可能具有共享资源和/或共享信息，延迟或复杂系统的人机交互。级联失效可能会加速失控，扰乱操作人员，并使之无法恢复。级联失效还可能消除冗余，绕过防火墙或设计的负载路径，并利用设计人员未能合理规划的机会环境。显然，这些意外事件链是相互依赖的。另外，它们中的几个可以同时级联。因此，这些级联失效发生的可能性比系统的 N 个独立组件中 k 个随机失效的可能性高得多。在考虑可能的失效序列时，必须考虑到以下事实：在发生一系列故障之后，机组人员将承受更大的压力，并且更有可能犯错。因此，机组人员也可能促进级联失效的传播。

2. 偏差型危险因素

偏差是指某一变量/状态偏离了规定的正常标准，在某种程度上，上面提到的数据资源错误危险因素是一种从数值偏差角度考虑的形式。偏差型危险因素亦可以认为是系统各组成元素的性能偏差、波动。偏差危险通常是极其微小的，但在传递过程中会放大，当超出系统规定余度时，会导致整个系统的崩溃。以时间偏差危险因素和数据偏差危险因素为例，其偏差属性如表 4.1 所示。

表 4.1 偏差危险因素属性示例

偏差类型	引导词	含义
时间	过早/过晚	与触发时间有关
	过快/过慢	与结束时间有关
	之前/之后	与顺序有关

偏差类型	引导词	含义
数据	不足	与反馈数据的品质有关
	过大/过小	与反馈数据的量值有关
	不一致	与反馈数据的属性有关

例如，导航数据主要用于支持飞机的导航和飞行计划功能，计算出当前的飞行和位置信息，同时辅助实现航路的规划。引导飞行员进行安全导航的数据非常重要，一旦导航数据错误，就会导致航班延迟或者加重飞行员的工作强度。如某型客机正在进行仪表着陆，由于机载罗盘系统在下降初始阶段设置发生错误导致8°的角度偏差，很不幸地导致着陆时非常不稳定并撞上地面。偏差型危险因素一开始极其微小，但随着时间的迁移，最终超出系统的容忍度，导致严重的后果。

3. 缺陷型危险因素

IMA 在没有发生故障型危险时，表现为系统级的功能丧失、错误状态或"正常却不工作"的状态，很有可能是由于系统的逻辑缺陷危险因素造成的。在本研究中，缺陷型危险因素指 IMA 在完成任务过程中，功能逻辑上的缺陷，资源能力上的不足与欠缺以及约束控制缺陷等。

逻辑缺陷危险因素中的逻辑缺陷主要体现在三个方面：一是在系统的定义域内，某些功能/资源行为超出设计预期(存在未定义的行为)；二是某些系统功能逻辑设计不正确；三是逻辑冲突，主要体现为在同一时间域内，系统被要求执行彼此相斥的行为动作或者多个对象同时争抢/调用一个资源。例如，一个存储单元被同时要求执行读、写功能。

能力缺陷危险因素：是指资源自身的能力无法达到预期任务或功能的需求。例如，某一系统的数据传输率是 800Mbps，然而局部总线带宽仅有 500Mbps，这就会出现丢包或数据延迟的危险；又例如，一个通用功能模块中的数据产生者分区产生了大量的数据，此时端口的存储大小需求过大，但是其自身的存储能力不足，出现数据丢失、阻塞。

约束控制缺陷危险因素：是指在系统研制和使用过程中，与安全相关的约束不合理或不充分地实现，从而导致危险的发生。安全性约束是通过系统控制结构来实施的。

当控制结构不能充分执行系统安全约束时，就会产生无法处理的环境条件、不受控制的部件失效和不安全系统单元之间的交互作用，从而导致事故的发生。

4.2.3　IMA 级联失效故障传播机制

由于 IMA 的高度综合复杂，系统间与功能间的潜在交互比之前高出数倍，许多级联失效效应无法被明显识别出来。这就需要对 IMA 相依网络的级联失效传播范围进行确定，为 IMA 的安全性设计和分析提供基础。

4.2.3.1　相互依存网络

实际上，不同的网络之间具有相互依赖性，如电力网和通信之间。一些社交媒体网络需要通过通信网络收发信息，同时影响着通信网络的状态。网络之间的这种相互依存的关系就是相互依存网络。电力网、通信网是典型的相依网络，电站与路由相关联。电站故障导致通信网络的路由设备故障，路由设备的故障可能导致更多用户断电，从而造成大面积的停电和无法估计的经济损失。IMA 平台系统和 IMA 用户系统之间也存在类似的级联失效，对此类级联失效影响风险传播的机理的分析有助于 IMA 安全性分析和设计。

在当今信息化发展的时代，人们可以在网上交朋友、聊天和买卖东西。这样不仅缩短了人们之间的距离，而且使生活变得方便。所有这些信息的传播途径都是网络，人们根据自己的喜好分享自己感兴趣的事情或者购买的物品给有共同爱好的其他人，其他人又进行分享，这样不断地迭代，使好的事情不断发扬光大或者好的物品纷纷被大家购买。

IMA 平台系统信息传播到 IMA 用户系统，并且在 IMA 用户系统之间传播，这种传播方式类似于信息的传播，不同之处在于信息在 IMA 用户系统之间传播的范围是确定的，不可能无限地进行传播。解释模型和预测模型是两种常用的分析信息级联失效的模型。

1. 解释模型

在社交网络，若一部分人对某一主题有相同的兴趣，这一个主题就容易在朋友圈中传播，让感兴趣的所有人看到。图 4.2(a)为实际的消息传播网络结构；图 4.2(b)为推测出来的消息传播网络结构。推测的网络比实际网络多几条实际上不存在的边。

级联传输模型：在 t_i 时节点 i 受影响，在 t_j 时刻另一个节点 j 受影响，且 $t_i < t_j$，即影响节点先于被影响节点出现。若 $t_i \ll t_j$，表示两个节点之间存在的影响关系越大，用概率 $P(\Delta)$ 来表示。若从节点 i 传播到节点 j 的概率为 $P(\Delta) \propto e^{\Delta/r}$，传染关系在一个 C 上呈现树状结构，这种结构树可能存在多个。如图 4.3 中给定时间序列 $t_1 < t_2 < t_4 < t_3 < t_5$，至少存在四棵可能的传播树 T_1、T_2、T_3、T_4。

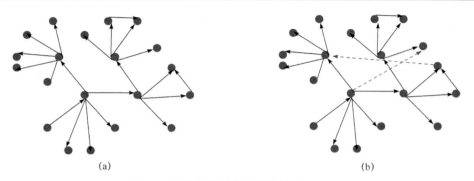

图 4.2　实际与推测的信息传播路径的区别

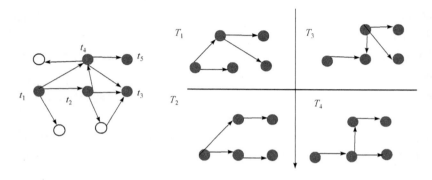

图 4.3　给定时间序列可能存在多棵传播树

那么在具体某棵树 T 中级联 C 传播的概率可以表示为

$$P(c \mid T) = \prod_{(i,j) \in T} P_c(i,j) \tag{4.1}$$

式中,边(i,j)遍历 T 中的所有边。该式可得到一个级联 C 在一棵树上传播的概率,同时需要知道一个 C 在一个网络 Q 上传播的概率,即 $P(C \mid Q)$。C 的所有可能的树在网络 Q 上传播的概率可以表示为

$$P(c \mid Q) = \sum_{T \in T(Q)} P(c \mid T) P(T \mid G) \propto \sum_{T \in T(Q)} P(c \mid T) \propto \sum_{T \in T(Q)} \prod_{(i,j) \in T} P_c(i,j) \tag{4.2}$$

式中,$T(Q)$表示所有满足 C 的树的集合,则所有级联 C 在网 Q 的传播概率可以表示为

$$P(\varphi \mid Q) = \prod_{c \in \varphi} P(c \mid Q) \tag{4.3}$$

式中,φ 为所有级联 C 的集合。已知所有观察到的目标为求 Q。此问题可以被转化为传播网络推断问题,优化目标函数为

$$Q' = \underset{c \in \varphi}{\arg\max}\, P(\varphi\,|\,Q) \tag{4.4}$$

对式(4.4)进行转换，根据影响者和被影响者发生的顺序，证明该问题具有子模特性，提出 NetInf (Network of Information)方法对问题进行近似求解。

2. 预测模型

预测模型主要对级联传播进行预测。若节点 i 在某时间 t 内受影响，其节点 j 在后续时间受影响的概率，以及是否会受影响。预测模型主要分为两类：基于图的方法与不基于图的方法。

独立级联(independent cascade, IC)模型和线性阈值(linear threshold, LT)模型是两种常用的基于图的模型。由于 IMA 用户系统之间的级联失效类似于 IC 模型，其他模型不再详述。

4.2.3.2　独立级联模型

独立级联模型规定影响力的传播可以划分为离散的时间状态，即在时间 t 时，处于影响状态的节点 u 有且仅有一次机会以概率 $P_{u,v}$ 去影响其相邻并处于未受影响状态的节点 v，若成功影响该相邻节点 v，则该节点由未受影响状态转变为受影响状态，影响成功，则在 $t-1$ 时，节点 v 可以去影响其相邻节点中未受影响的节点；反之，若影响失败，则节点维持未受影响状态，且节点 u 在后续的时间点中，无法再次影响该节点。

1. IMA 的独立级联模型

IMA 的独立级联模型的传播过程如图 4.4 所示。

步骤 1：根据给定的初始 IMA 失效节点集 S 进行影响传播，此时时间记为 t_0。

步骤 2：遍历在时间 t_0 时 IMA 失效节点集 S 中的节点，依次对其中的节点 u 的相邻并未受影响的节点 v，如 IMA 用户系统节点以概率 $P_{u,v}$ 影响该节点，在该步骤中已受影响的节点在时间 t_1 时，可以去影响其相邻的未受影响的节点。

步骤 3：重复步骤 2，直到没有新的节点变为受影响状态。

步骤 4：输出最终影响的节点数，即最终影响力。

独立级联模型的主要特点是：独立级联模型是一种概率模型，在同一次影响中，未受影响节点的多个已受影响邻居节点对该节点的影响是顺序独立的。

如图 4.4 所示，这里假定节点间影响成功概率为 1，在状态如图 4.4(a)时，选择点 3 为 IMA 平台系统失效节点，可影响 IMA 用户系统为 4 和 7，此时影响节点集为 IMA 平台系统失效节点 3，受影响节点集合为{3}。

在状态如图 4.4(b)时，失效节点 3 已不能激活其他节点，此时影响节点集为 IMA 用户系统节点 4 和 7，受影响节点集合为{3,4,7}。IMA 影响节点集合在步骤 2 (图 4.4(b)) 影响节点{5,8,9}，并影响成功。在步骤 3 (图 4.4(c)) 中，节点 3、4 和

7 已不能影响邻居节点，此时影响节点集合为{5,8,9}，受影响的节点集合为
{3,4,5,7,8,9}，并影响节点 2。在步骤 4(图 4.4(d))中，受影响节点集合为
{2,3,4,5,7,8,9}，此时影响节点集合为{2}，由于节点 2 无法影响其他节点，因此
影响力传播过程在此结束。

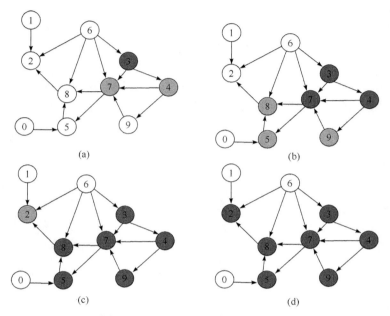

图 4.4　IMA 的独立级联模型示意图

2. IMA 的节点影响力

对于节点 u 所有的邻居节点，传统的独立级联模型认为这些节点是同等重要
的，与现实情况是有差异的，同时传统的传播模型没有考虑到当用户之间频繁交
互时，也会使节点间影响概率提升。

1) 节点影响力估算

衡量节点在 IMA 中的重要程度，主要使用节点的度中心性，即节点的度。
在 IMA 中，存在一种节点，度中心性并不高，却能影响到较多的 IMA 用户系统，
若选取节点时仅考虑节点的度中心性，则会丢失这些比较重要的节点。因此本节
在对节点重要程度衡量时，综合考虑节点在 IMA 中的度中心性、节点本身在局
部中的重要性、节点在 IMA 中的相对位置以及节点邻居子图中的节点分布，对
节点在 IMA 中的影响潜力进行合理估算。节点的影响潜力估计公式定义为

$$p_i = d_i + \sum_{j \in N_i} d_j \tag{4.5}$$

其中，p_i 表示节点 i 的影响潜力，d_i 表示节点 i 的出度，N_i 表示节点 i 的邻居节点，d_j 表示节点 j 的出度，即通过节点自身的度与节点邻接点的影响力，综合地反映出该节点的影响力估计。

如图 4.5 所示，节点 1(IMA 平台系统的通用处理模块)和节点 3(远程数据集中器)的度数分别为 8 和 6，若以节点度数来判定节点重要性，显然节点 1 的重点性要高于节点 3，但从失效影响传播的角度而言，若节点 1 为 IMA 失效节点进行影响力传播，并不一定能够将影响传播到整个 IMA 网络，而度数相对较低的节点 3，有更高的概率会将影响传播到整个 IMA 网络中。根据公式计算节点影响力，节点 1 的影响力为 14，节点 3 的影响力为 20，这与之前判断一致，也说明影响力估计的有效性。

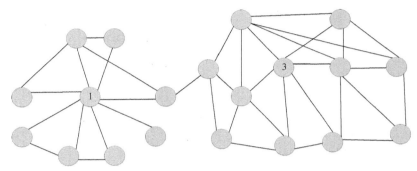

图 4.5　IMA 节点影响估算举例

2) 引入节点间交互次数的影响

当 IMA 的节点 i 与节点 j 频繁的进行交互时，节点 i 向节点 j 传送信息，节点 j 有较高的概率接收该信息，并将该信息经由出度节点传播出去，基于此点，将 IMA 节点间交互次数对传播概率的影响定义如下：

$$f_{i,j}(\delta) = 1 - e^{-\lambda_{i,j}\delta_t} \tag{4.6}$$

其中，δ_t 表示 IMA 节点 i,j 间的交互次数，IMA 中控制节点 i,j 间的传输速率 $\lambda_{i,j}$ 为 1。IMA 节点间交互次数对传播概率的影响如图 4.6 所示。

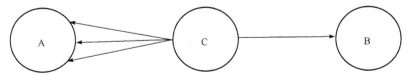

图 4.6　IMA 节点间交互次数对传播概率的影响

结果可以看出，相较于节点 B(导航系统)，节点 C(交换机)更容易影响节点 A(驾驶舱显示系统)，而这也是更符合现实中的规律。

3) 独立级联模型节点间影响概率流程

综上所述，在传统独立级联影响力模型的基础上，引入对 IMA 节点影响力的估算，使得在 IMA 网络中节点所产生的影响力可以根据其在 IMA 网络中的重要程度有所不同，既考虑到节点在 IMA 网络中的位置，也考虑到节点与邻居节点之间的联系所产生的影响，估算节点影响力。同时引入节点之间多次对影响成功概率产生的影响，更符合现实规律。改进的整体流程如图 4.7 所示。

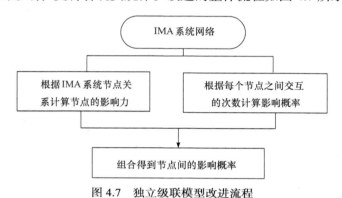

图 4.7　独立级联模型改进流程

4.2.4　IMA 级联失效影响分析

分析 IMA 级联失效存在巨大的困难。造成这种困难的原因包括：①级联失效是一种混杂现象，具有连续和切换操作的随机动态变化，即突然改变系统配置的离散事件；②任何级联失效的发展取决于系统的初始条件，这些条件有很多可能性；③启动事件发生时系统响应和保护设备的可用性都存在不确定性；④潜在失效的影响和操作人员的干预可以完全改变级联失效的过程；⑤功能隔离和区域内物理隔离可能阻止故障传播或大大降低级联失效情况的可能性。

IMA 的综合体现在系统资源、功能综合和任务合成三个方面，资源综合的对象主要是具有并发、共享特性的部件(硬件、软件)，即多道资源。多道资源综合指的是能够通过时分多路、空分多路等方式来实现资源的共享和重用，从而减少资源配置，提高资源效能，资源综合的表现形式有物理空间综合(共享相同位置)、电气综合(共享电源)、逻辑综合(共享地址空间)等。资源综合的主要特征是基于模块化的功能设计，随着硬件计算能力的提高，越来越多的功能通过嵌入式软件来实现，使得相同的硬件平台能够加载多重功能模块，如显示处理功能、飞行管理数据处理功能。功能综合的主要特征是利用不同子系统功能之间的动态协作(信息共享控制信号交换)提高系统执行任务(应用)的能力，降低机组人员的工作负载，例如通过将导航功能和飞行控制功能综合后形成自动驾驶功能，通过将无线电高度表、惯性导航的信息进行融合，能够获得更精确的飞机位置信息，功能综合的同时又需要增加一部分功能(如信息融合)来利用综合的收益。随着综合化程度的增加，飞行员的工作角色从飞行管理者向任务管理者转变，而随着飞行操作需求的增加，为了提高任务执行能力，需要将一些任务通过自动控制系统来执行，任务合成就是基于当前系统能力状态和探测到的外部环境参数完成一部分决策的自动化，从而减轻飞行员的工作负荷。

但是综合化在带来上述收益的同时，也导致了系统复杂性增加，如功能交联、软件与硬件交互、系统与飞行员交互增加，使得系统故障在综合、融合和合成过程中产生蔓延、混沌和不确定性，对系统安全性产生很大的影响。传统的安全性分析方法(如 FMEA、FTA)主要依赖于工程经验，并且与系统设计并不是同步进行的。随着系统复杂程度的提高，很难列举出系统所有的失效模式和影响，同时由于系统设计的迭代，很难保证失效模式同系统架构的一致性。

由于 IMA 资源共享的特性引起故障传播，通常 IMA 平台系统共享资源的失效就能引发整个 IMA 的级联失效，从而引起整个飞机故障。对于 IMA 平台系统某个组件故障，如果其故障引起导航系统失效，导航系统的失效可能又导致其他 IMA 用户系统如显示系统的失效，这就是 IMA 级联失效的问题。例如，某条 IMA 链路丧失功能，需要评判 IMA 内部是否有备份链路、IMA 外部是否有备份链路、是否影响关键功能，若 IMA 内部、外部均无备份链路，且影响了关键功能，则会导致飞机处于可能发生灾难性事故的状态；IMA 的所有交换机失效，随后大气数据丧失迎角信号，导致飞控系统丧失正常模式，从而导致丧失自动飞行功能，最终导致飞机处于可能发生严重性事故的后果。

从确定级联影响程度和对飞机的影响两方面分析级联失效影响分析，过程如图 4.8 所示。

4.2.4.1　确定级联影响的程度

确定级联影响程度过程可确定直接连接到启动条件并受启动条件影响的系统，或者通过一个或多个系统间接连接到启动条件的系统。CEA(cascading effect analysis)范围的重点是识别和捕获初步的系统接口和潜在的交互路径。

确定完整级联影响程度包含直接或间接受启动条件影响的所有系统。当扩展范围包括一个或多个资源系统时，受影响资源系统的每个用户系统，以及与那些用户系统直接或间接相连的每个系统，都将落在级联影响范围内。

图 4.9 为级联影响范围示例，由四个迭代确定级联影响范围。其中"迭代 1"部分为示例起点，起始条件直接影响系统 1。迭代 2 标识系统 1 与系统 4 和系统 5 的影响关系，迭代 3 标识系统 4 和系统 7 之间以及系统 5 与系统 6 和系统 8 之间的影响关系。最后，迭代 4 标识系统 6 和系统 9 之间的影响关系。对于启动条件，系统 2 和系统 3 不受影响。

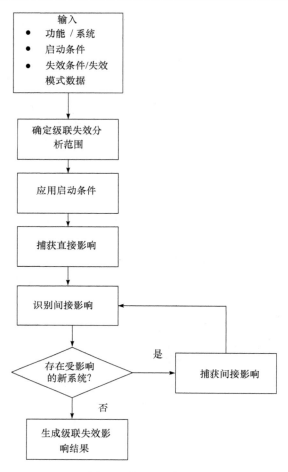

图 4.8　级联失效影响分析

4.2.4.2　确定对飞机的影响

通过以下迭代方法确定每种启动条件对飞机产生的级联影响：①确定主系统即直接与启动条件相关的系统；②确定间接影响系统即受主系统直接或者间接影响的系统；③重复执行步骤②，直到不存在受影响系统为止。通过迭代递归分析找到最初失效影响的所有系统，确定直接影响和间接影响的所有系统，并生成级联影响分析树，如图 4.10 所示。

完成前两步分析后，级联分析影响结果将作为 FHA、PASA 或者 PSSA 的一部分进行验证。在测试获得置信度的情况下，要求通过试验或原型机测试来确认某些或所有初始条件下飞机的总体效果。

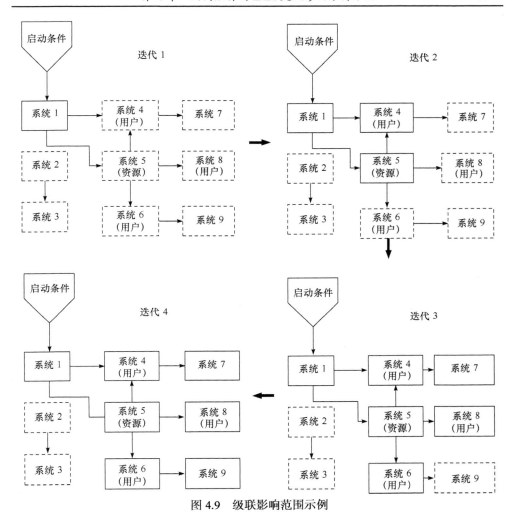

图 4.9　级联影响范围示例

4.2.5　IMA 级联失效影响发展

　　IMA 平台系统架构的失效可以影响到共同使用到相关资源的所有 IMA 用户系统。IMA 平台系统直接引起的 IMA 用户系统"主要影响"。失效的共享资源产生的二级影响，通常由受共享资源影响的 IMA 用户系统直接影响的其他 IMA 用户系统。不停地迭代，因此影响到多个 IMA 用户系统的功能。IMA 失效状态及失效影响如表 4.2 所示。

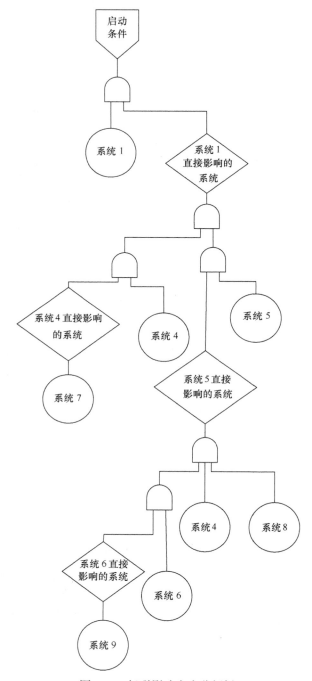

图 4.10　级联影响安全分析树

表 4.2　IMA 失效状态及失效影响

IMA 的失效状态	一级影响	二级影响	三级影响
通用处理模块的处理器失效	驾驶舱显示失效	导航系统失效	通信系统失效
通用处理模块的存储器失效	导航系统失效	通信系统失效	飞控系统失效
通用处理模块的操作系统失效	液压系统失效	驾驶舱显示失效	发动机失效
通用处理模块的驻留应用失效	对应 IMA 用户系统失效	影响相关联的其他 IMA 用户系统	影响相关联的下一层级 IMA 用户系统
通用处理模块的终端系统失效	液压丧失	主飞控扰流板丧失	飞控系统失效
IMA 平台系统的电源失效	环控系统电子设备舱电源失效	航空电子硬件失效	飞控系统失效
交换机信道 A 失效	大气数据丧失迎角信号	飞控系统丧失正常模式	丧失自动飞行功能
交换机信道 B 失效	气源丧失	空调组件失效	客舱通风丧失
远程数据集中器失效	空速表丧失	主飞控丧失正常模型	自动驾驶功能失效
IMA 用户系统的传感器失效	IMA 平台系统输入错误信息	IMA 平台系统输出错误信息	IMA 用户系统执行能失效
IMA 用户系统的执行器失效	对应 IMA 用户系统功能失效	—	—

4.3　IMA 级联失效模型

层级复杂网络是指由多个复杂子网构成的层级网络，与单层复杂网络相比，层级复杂网络在描述复杂系统时更全面有效且具有实际意义，近年来广泛应用指挥信息系统、交通和通信网络等复杂系统的建模。根据结构特征和功能组成，IMA 可分为 IMA 平台系统网络层和 IMA 用户系统网络层即功能网络层，如图 4.11 所示。下层是由组件实体节点和通信连接关系构成的 IMA 平台网络，上层是由功能节点(如液压系统、自动驾驶系统和飞行控制系统)和信息交互关系构成的功能网络。IMA 平台系统网络根据通信基础网抽象得到，每个节点表示一个组件实体，即组件节点，组件节点之间的连边表示通信连接关系，即两个组件节点间若存在有效通信链路，表示通信连边存在。

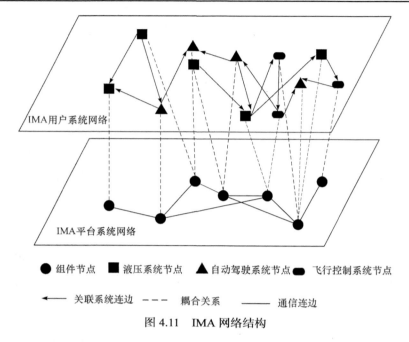

图 4.11　IMA 网络结构

每个组件节点具有多种功能(如通用处理模型具有处理信息功能、网络信道具有传输信号的功能),功能节点为"一对多"耦合映射,功能节点与相应的组件节点一一对应。不同功能节点间可进行信息交互,如导航系统节点向自动驾驶系统节点传输位置信息、导航系统和显示系统节点之间传输姿态信息,这种信息交互关系由功能连边表示,功能节点和功能连边构成功能网络。

分析可知,IMA 网络结构是一个由 IMA 平台系统网络和 IMA 用户系统网络耦合而成的双层网络,两层网络之间通过节点映射的关系进行耦合,并且进行相互影响和相互作用。其中,IMA 平台系统网络是 IMA 用户系统网络的组件载体,对 IMA 用户系统网络形成约束,IMA 用户系统网络是 IMA 平台系统的保障对象,在一定程度上能够影响 IMA 平台网络的结构。

IMA 在提高资源共享的同时,也增大了由资源共享导致的级联失效风险。在 IMA 工作过程中,IMA 平台系统某组件失效使其相邻的部分组件节点失效,导致 IMA 平台系统网络层内部形成级联失效;同时,由于某 IMA 用户系统功能失效即功能节点信息失效,并引发层内的级联失效。由于 IMA 层间耦合关系,组件节点失效将导致与之耦合的功能节点失效,而功能节点失效由于影响信息的传输和共享,同样会给组件节点带来影响。IMA 组件的失效导致的级联失效过程如图 4.12 所示,首先组件节点失效,直接影响液压系统和自动驾驶系统失效,通过液压系统的关联系统连边的箭头指向可知间接影响飞行控制系统和自动驾驶系统。IMA 平台系统组件在 T_1 阶段失效,网络结构由 A 变为 A^*,即为层级间的耦合级联失效。

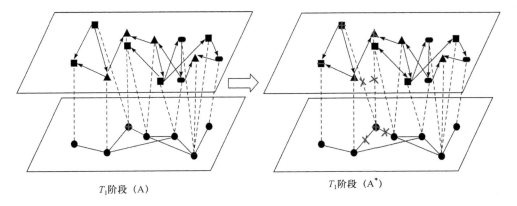

图 4.12　IMA 层间耦合级联失效影响示意图

综上，IMA 可看作由 IMA 平台系统网络和 IMA 用户系统网络耦合形成的双层网络，基于双层耦合网络模型分析 IMA 级联失效特性，相比传统单层网络模型更接近真实 IMA。首先构建 IMA 双层耦合网络模型，在此基础上，分析 IMA 级联失效机理，建立 IMA 级联失效特性分析模型。

4.3.1　同层内级联失效模型

第一类级联失效模式是基于同一层级之间的级联失效。如图 4.13 所示，分无方向性的级联失效和有方向性的级联失效。P_1 的输入失效模式以及失效状态决定了 P_1 的输出信息，并且通过与 P_2 之间的接口关系，传播成为 P_2 的输入信息，此过程为无方向性的级联失效。以同样的方式失效信息从 P_3 分别传播到 P_4 和 P_5，此为有方向性的级联失效。这两种传播模式是最简单的级联失效传播，也是其他类型故障级联传播模式的基础。同层内的故障级联传播，可能会导致关联组

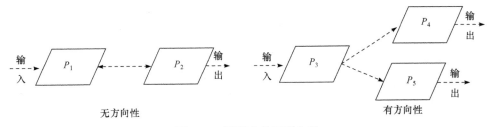

图 4.13　同层内的级联失效

件或者功能丧失，进而使系统处于危险状态。IMA 平台系统层内级联失效是故障在不同的组件之间无方向性传播，IMA 用户系统层内的级联失效是故障在不同功能系统之间有方向性传播。接下来分别对 IMA 平台系统网络和 IMA 用户系统网络的层内级联失效进行详细描述。

（1）IMA 平台系统网络。

IMA 平台系统网络 G_P 是无向赋权连通网，表示为 $G_P=(C_P, E_P, W_P)$，其中，C_P 为组件节点集合。若 G_P 含有 N_P 个节点，则 $C_P=\{p_i\,|\,i=1,2,\cdots,N_P\}$；$E_P=\{e_{ij}\,|\,e_{ij}=(p_i,p_j),p_i,p_j\in C_P\}$ 表示任意两个组件节点之间通信链路的集合。设 G_P 中有 M_P 条通信连边，即 $|E_P|=M_P$；$W_P=[\omega_{p_{ij}}]_{N_P\times N_P}=\{\omega_1,\omega_2,\omega_3,\cdots,\omega_{M_P}\}$ 为 W_P 边权值的集合，边权 $\omega_{p_{ij}}$ 用来表示对应通信连边 E_P 的属性特征。若网络结构边权值为 1，令 $a_{ij}=1$，否则为 0，则 G_P 的网络结构可用邻接矩阵表示为 $A_P=\left(a_{ij}\right)_{N_P\times N_P}$。

（2）IMA 用户系统网络。

IMA 用户系统网络 G_F 是有向赋权连通网，表示为 $G_F=(C_F, E_F, W_F)$，C_F 为功能节点集合，功能节点为 IMA 用户系统的关联系统节点。设 G_F 有 N_F 个功能节点，$C_F=\{f_i\,|\,i=1,2,\cdots,N_F\}$。功能节点通过信息交互实现一定的信息功能，满足 IMA 用户系统信息交互的需求，信息交互连边集合记为 $E_F=\{e_{1,2},e_{2,1},e_{3,4},\cdots,e_{i,j}\}$，$i,j\in N_F,i\neq j,|E_F|=M_f$ 为信息连边数。由于功能节点之间传输的是不同类型的信息流并且在多个 IMA 用户系统之间传播，因此 $e_{i,j}$ 为有向边。根据功能节点间的信息交互次数可定义边权值 W_F，$W_F=\{\omega_{i,j}\,|\,i,j\in N_F,i\neq j\}$。同样定义 A_F 为 G_F 邻接矩阵，$A_F=\left(a_{i,j}\right)_{N_P\times N_P}$，其中 $a_{i,j}$ 为矩阵元素，且 $a_{i,j}=1$ 时，表明存在由 f_i 到 f_j 的信息交互，即 $(f_i,f_j)\in E_F$，$i\neq j$，否则 $a_{i,j}=0$。

4.3.2　层间耦合级联失效模型

这类故障级联失效的传播是对同层内故障级联失效传播模式的扩展，是基于不同层级之间故障的级联失效。以同层内故障级联传播模式为基础，跨越不同层级故障的级联失效传播模式反映了 IMA 内不同层级资源与功能之间的故障级联失效的交互性。

如图 4.14 所示，资源级 P_1 与功能级 F_1 之间(不同的层级间)存在故障级联失效传播，P_2 的输出失效模式将成为 F_1 的外部输入信息，与此同时，在 F_1 所在的功能层级内部，F_1、F_2 一直到 F_n 之间也可能会发生层级内故障级联传播。

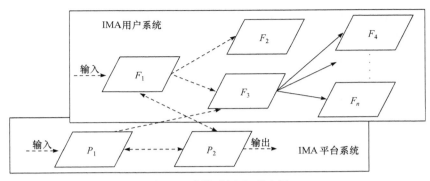

图 4.14　层间耦合级联失效

IMA 双层耦合网络 $G_{P\text{-}F}$ 由 IMA 平台系统网络 G_P 和 IMA 用户系统网络 G_F 耦合形成，表示为 $G_{P\text{-}F}=\{G_P,G_F,R_{P\text{-}F}\}$，其中 $R_{P\text{-}F}$ 表示 G_P 和 G_F 的耦合关系，分析知，$\forall p_i\in C_P,\exists f_j\in C_F$，使 $p_i\to f_j$，当 $R_{P\text{-}F}$ 为 "一对一" 映射时，组件节点映射为唯一功能节点，相当于 IMA 平台系统失效直接影响一个 IMA 用户系统；当 $R_{P\text{-}F}$ 为 "一对多" 映射时，组件节点映射为 "功能节点簇"，相当于 IMA 平台系统失效直接影响多个 IMA 用户系统。设矩阵 R 为耦合矩阵，矩阵元素 r_{ij} 表示节点 p_i 和 f_j 间的耦合关系，则 $R=[r_{ij}]_{N_P\times N_F}$，其中

$$r_{ij}=\begin{cases}1, & p_i\to f_j \\ 0, & \text{其他}\end{cases}\quad(p_i\in C_P,f_j\in C_F) \tag{4.7}$$

将 G_P 和 G_F 之间的耦合关系看作耦合边，双层耦合网络还可表示为 $G_{P\text{-}F}=(C,E,W)$。其中，C 表示表示网络 $G_{P\text{-}F}$ 节点的集合，$C=C_P\cup C_F$；E 表示网络 $G_{P\text{-}F}$ 连边的集合，$E=E_P\cup E_F\cup E_R$，E_R 表示 G_P 和 G_F 之间存在耦合边的集合；W 表示网络 $G_{P\text{-}F}$ 边权值的集合，且 $W=W_P\cup W_F\cup W_R$，其中 W_R 表示耦合边权值集合，为不失一般性，令 W 中的权值均为 1。

4.3.3　案例分析

IMA 同层内级联失效是指由于 IMA 平台系统或者 IMA 用户系统网络层即单层网络节点失效引起的在该层网络内部的节点级联失效影响。当 IMA 平台系统或者 IMA 用户系统的某节点失效时，则与该节点相连的连边如 IMA 平台系统的通信链路或 IMA 用户系统的信息传递关系失效。若该 IMA 节点的邻居节点度值为 1，则该节点失效，其邻居节点随之失效。

假设 1：仅存在 IMA 平台系统组件失效，导致多个 IMA 用户系统的失效，即单方向的耦合级联失效。

假设 2：IMA 的网络节点失效时，能够保持功能的节点是属于 IMA 网络极大互联簇，判断网络受损情况需要计算极大互联簇节点度变化情况。

IMA 平台系统组件节点失效导致的级联失效过程如图 4.15 所示。t_1 阶段，IMA 平台系统网络 G_P 中重要度较大的节点 p_1 失效，耦合节点 f_{11}，f_{12}，f_{13} 失效，且与此 3 个节点相连的边 $e_{11,21}$，$e_{11,23}$，$e_{12,21}$ 和 $e_{13,32}$ 消失；t_2 阶段，p_1 失效从而使 p_2 失效，导致与 p_2 耦合的功能节点 f_{21}，f_{22}，f_{23} 失效，与之相连的信息连边被删除；t_3 阶段，由于 f_{21} 与 f_{42} 之间的信息连边消失，导致不属于 G_F 极大簇的节点 f_{42} 失效被删除；网络结构达到稳态。

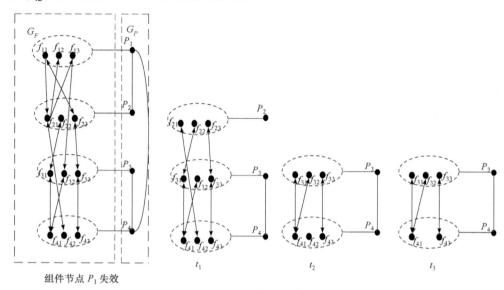

图 4.15　双层耦合网络级联失效过程

4.4　IMA 失效影响分析方法

本节将介绍五种定性的 IMA 失效影响分析方法，包括事件树分析、原因-模式-影响-分析、关系矩阵失效分析、基于组件的级联失效分析，以及一种定量的基于 DOMINO-GSPN 的级联失效分析方法，为安全评估过程和飞行员应急程序的准备提供了非常有用的输入。

4.4.1　事件树分析

事件树分析(ETA)是系统中可能发生的所有事件的直观表示，可用于分析组件处于储备模式或潜在故障状态的系统,展示相关系统组件成功和/或失效的事件顺序。利用 FMEA 或 FTA 中的事件概率来量化事件树，计算每个事件的危险概率。

对于面向安全的系统，在给定的启动事件之后事件树用于识别系统的各种可能结果，这些结果是不令人满意的事件(组件失效)或情况(外部事件)。通过分析所有可能的结果，可以确定其中导致系统或飞机层面不良危险的结果。

事件树分析的目的是确定具体故障或错误之后的事件序列，因为它可能导致系统预期功能的丧失。事件树是特定设备故障或人为错误可能导致的潜在结果的图形说明。FTA 和 ETA 之间的主要区别在于，后者假定发生启动事件，而在 FTA 中，失效状态的发生概率是确定事件。启动事件可能是特定系统失效的结果，也可能是由某些外部环境(如闪电或鸟击)引起的。

ETA 包括以下步骤。

步骤 1：识别启动事件。

启动事件可能是系统失效、设备失效、人为错误、外部事件或操作过程异常。实际影响或结果取决于 IMA 或飞行员如何响应该事件。

步骤 2：确定响应。

标识 IMA 或飞行员对启动事件做出的响应。按照设计响应的时间顺序来识别这些功能。

步骤 3：构造事件树。

首先，必须明确定义启动事件；其次，必须定义功能响应的时间顺序列表；再次，必须定义功能的"正常-失效"是否会影响事件的进程。如果答案为"是"，则事件树分支以区分功能的正常与失效；正常向上，失效向下。

步骤 4：描述事件顺序。

事件序列是在启动事件之后可能发生的各种结果。某些序列可能表示成功(例如，返回正常状态或有序关闭)。应该研究导致失效的序列，以改善对事件的响应，从而最大限度地减少失效的可能性或影响的严重性。

在 ETA 中，事件标题的定义有很大的自由度。功能、系统和组件可以显示在同一棵树上。此外，如果发起事件可以影响多个系统，则很容易在同一棵树上组合多个系统。这些各种事件的可能性列为标题，代表减轻事件后果所需的功能或系统。

假定每个序列的最终结果是成功或安全的终止基本条件序列事件或系统故障状态。在为特定系统分析事件树时，必须注意正确指定预期的系统故障状态。还必须注意确保事件标题与实际系统响应模式一致，并且与系统成功标准精确相关，可以将其转换为用于系统建模的顶级事件。

根据事件发生的顺序(从左到右进行处理)或反映操作相互依赖性的其他逻辑顺序，将事件放置在树上。因此，始终首先显示启动事件，最后始终显示整个系统结果响应。事件标题下方的垂直和水平线的路径代表各种序列。在水平-垂直线交界处，如果路径向上，则系统成功；如果路径向下，则系统将故障。树最右侧的列标识了路径序列导致的各种结果事件。

然后，此信息将用于确定事件序列结果的严重性以及每个组件受到的关注程度。在系统状态表明存在潜在不良后果的区域中，定性树分析可以通过量化每个连接点成功或失效的概率来完成。然后，可以估计各种系统状态的概率。

以 IMA 某条链路功能丧失为例，利用 ETA 评估 IMA 级联失效场景，预测其对飞机性能潜在的影响，如图 4.16 所示。

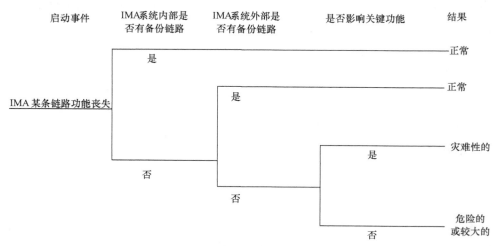

图 4.16　ETA 分析 IMA 某条链路功能丧失影响

4.4.2　原因-模式-影响-分析

原因-模式-影响-分析(CMEA)是基于对因果关系的演绎/归纳分析，并显示后续事件的顺序。分析过程一直持续到最后结果的最终失效模式，评估结果危害在航空器层面的影响。其中，原因是指启动事件，包括故障、外部事件或者人为错误；模式是指故障表现的类型/性质；影响是指从安全角度来看，对用户或操作造成的失效后果。失效分析的目的依赖于系统分解，结果可能成为模式或被认为是原因。可以根据故障原因或故障模式来描述启动事件，并且第一个结论必须确定该事件的影响。之后，此影响被认为是导致下级影响的原因。继续进行此过程，直到描述最终结果影响及其评估严重性为止。在分析的每个步骤中，都会询问有关可用的保护或缓解措施的问题，这将能够阻止级联失效的传播。

以 IMA 交换机失效为示例，利用 CMEA 程序进行级联失效分析。IMA 平台系统的所有交换机失效，随后大气数据丧失迎角信号，导致飞控系统丧失正常模式，最终丧失自动飞行功能。该事件导致的严重后果，如表 4.3 所示。

表 4.3　CMEA 交换机失效影响

启动事件	故障模式	二级级联故障模式	三级级联故障模式	结果和严重程度	缓解以及保护措施
所有交换机丧失	大气数据丧失迎角信号	飞控系统丧失正常模式	丧失自动飞行功能	严重的	无

在某些情况下，适当的保护或缓解措施可能不会排除危害。在这种情况下，应该执行级联失效场景的概率计算。必须将概率与最终影响的结果联系起来，必须对照该结果的严酷度。为证明其符合性，危害等级应比法规所规定的要求等级低。

4.4.3　关系矩阵失效分析

任何飞机系统的故障影响都不局限于系统内部，而是由于与其他系统的相互依赖而具有级联作用。在发生特定系统故障后，通常通过故障检测和状态监视电路来监视其对其他系统的影响。反过来，发出警告，使机组人员能够遵循紧急程序来避免任何迫在眉睫的不安全状况。按此顺序，机组人员是与复杂机器的重要可靠性接口。其中，机组人员的压力不仅是由于确定的特定系统的危害效应，还在于对其他系统的级联影响。关系矩阵失效分析的目的是识别和分析对其他飞机系统有影响的所有故障情况，以便评估其他系统中可用安全条款的充分性，确保提供故障检测/警告条款，确定飞行员的行为，以输入飞行员紧急程序。另外，可用于以系统的方式识别特定系统对其他系统的失效影响。

关系矩阵失效分析方法，首先利用关系矩阵(RM)定义相互依赖性；建立级联失效影响(CFE)矩阵；根据对 IMA 进行关系矩阵和级联影响矩阵的分析结果，剔除冗余故障模式组合。具体包括以下步骤：

(1) 利用关系矩阵描述系统间的相互依赖性。其中导航系统、通信系统、驾驶舱显示系统、发动机和飞行控制系统都属于 IMA 用户系统，IMA 平台系统与 IMA 用户系统之间的关系为直接影响关系，IMA 用户系统与其他飞机系统之间的关系为间接影响关系。例如，图 4.17 中实线箭头为直接影响，虚线箭头为间接影响。

推荐创建如图 4.18 所示的识别矩阵，分析单个故障模式或故障模式组合对其他系统有独特的影响，避免引起相同效果的高频率组合。例如，如果故障组合 (A + B) 和 (A + B + C) 对其他系统具有相同的影响，则无需识别第二种组合。

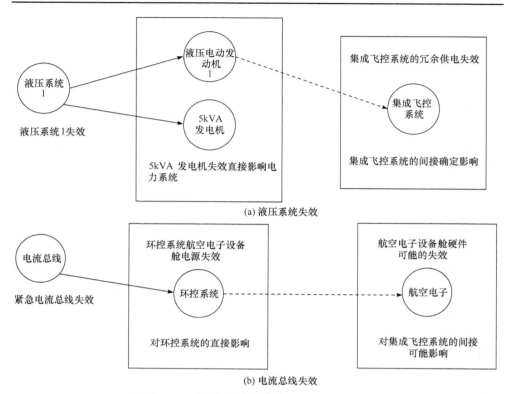

(a) 液压系统失效

(b) 电流总线失效

图 4.17　系统级联失效直接影响和间接影响

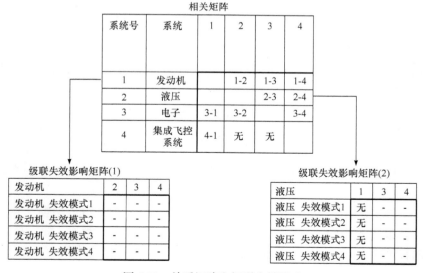

图 4.18　关系矩阵和级联失效影响

在级联失效分析过程中，系统分为三类：源、链接和执行程序。源系统产生压力、动力、推力、信号或提供结构强度，而链路系统确保从源到执行程序的传输和/或处理。源系统与其他系统连接并提供系统输入，链接系统处理该输入，而执行系统使用该输入执行某些飞机任务。确定源、链接和执行程序后，可以轻松分析故障模式及其对其他系统的影响。例如，源和链接系统可确保液压流体、燃油、空调(冷或热)、机械动力、电力、信息(数据形式)、推进推力或结构刚度和强度的产生并传输给其他系统。接收输入以执行某些任务的系统称为相依系统或执行系统。此依存关系如图 4.19 所示。通常，执行系统故障可能不会导致源系统故障。

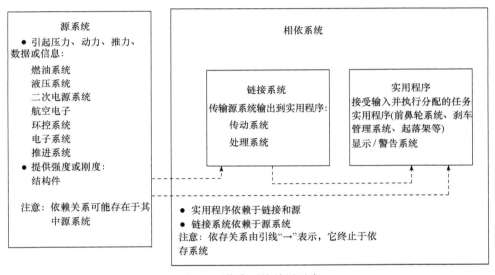

图 4.19　依存系统关系示意

(2) 利用级联失效影响矩阵，总结 IMA 平台系统所有组件失效对其他 IMA 用户系统的影响。

表 4.4 中的第一行，列出 IMA 平台系统所有的组件故障模式，并逐一列出组件失效后对相应 IMA 用户系统的影响，如表 4.5 所示。对应关系矩阵表 4.4 中的第二行，找出导航系统可影响的所有飞机系统。列出由 IMA 平台系统组件失效导致导航系统失效的所有故障模式，并逐一列出组件失效后对相应系统的影响。其他 IMA 用户系统以同样的方式，逐一创建级联失效影响矩阵。

表 4.4　IMA 平台系统与 IMA 用户系统之间的关系矩阵

序号	IMA 平台系统	IMA 用户系统(飞机所有系统)							
		1	2	3	4	5	6	7	8
1	IMA 平台	1-1	1-2	1-3	1-4	1-5	1-6	Nil	Nil

续表

序号	IMA 平台系统	IMA 用户系统(飞机所有系统)							
		1	2	3	4	5	6	7	8
2	导航	Nil	2-2	2-3	2-4	2-5	Nil	Nil	Nil
3	通信	3-1	3-2	3-3	3-4	3-5	3-6	Nil	Nil
4	驾驶舱显示	4-1	Nil	Nil	4-4	Nil	Nil	Nil	4-8
5	发动机	5-1	5-2	5-3	5-4	5-5	Nil	5-7	5-8
6	飞行控制	6-1	Nil	Nil	6-4	6-5	6-6	Nil	Nil

表 4.5　　IMA 之间的关系矩阵

IMA 失效组件	备用组件	导航	通信	驾驶舱显示	发动机	飞控	飞管	燃油	安全备注
交换机 1	交换机 2	大气数据、无线电导航信号余度降低	Nil	空速、高度、姿态显示余度降低	发动机参数信号余度降低	Nil	Nil	燃油量、泵压力、低油面等信号余度降低	—

(3) 总结 IMA 故障模式的影响，以确定对飞机可控性或安全性的任何影响，据此可制定飞行员应急程序、机务人员的故障检测程序和排故程序。列出单个故障模式或组合故障模式对其他系统的影响，对引起相同效果的高频率故障组合选取一个创建级联失效影响矩阵。

(4) 根据对 IMA 进行关系矩阵和级联影响矩阵的分析结果，剔除冗余故障模式组合，为设计人员提高 IMA 复杂系统安全性设计提供参考以及编写手册的素材，具体包括以下步骤：

a. 利用 RM 和 CFE 帮助安全分析人员识别和分析 IMA 对多种严重故障模式的影响，以评估其对飞机功能的影响。

b. 分析 IMA 平台系统不同组件失效的组合故障模式对其他飞机系统的影响，若具有相同影响，可仅对一种故障组合进行分析。

IMA 平台系统架构影响所有与 IMA 平台系统相关的 IMA 用户系统。受 IMA 平台系统直接影响的 IMA 用户系统称为直接影响，受直接影响的 IMA 用户系统影响的其他 IMA 用户系统称为间接影响。首先确定 IMA 平台系统的设备组合失效模式，对直接影响的 IMA 用户系统进行分析形成直接影响分析表，对直接影响的 IMA 用户系统分析其影响的其他 IMA 用户系统，实际分析过程中一般进行两轮的间接影响分析，从而形成间接影响分析表。最后，结合直接影响和间接影响分析表对全机进行安全性综合评估。IMA 组合失效的分析过程如图 4.20 所示。

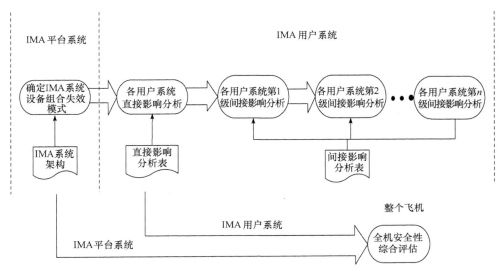

图 4.20　IMA 组合失效分析流程

IMA 组合失效模式 1 和组合失效模式 2 对其他系统影响完全相同，所以可以只选取 IMA 组合失效模式 1 进行级联失效影响分析，如表 4.6 所示。

表 4.6　组合故障的级联失效

组合失效模式	对其他系统的影响						
	导航	通信	驾驶舱显示	发动机	飞控	飞管	燃油
1	大气数据丧失，无线电导航功能丧失	无影响	空速、高度、姿态显示丧失	反推功能散失	飞控功能降级	飞行计划功能丧失	燃油量、泵压力、低油面等信号丧失
2							

　　c. 设计人员可以通过保护系统免受其他系统的级联故障影响来增强他们的设计，并为飞行员应急程序、机务人员的故障检测程序和排故程序提供非常有用的输入。

4.4.4　基于组件的级联失效分析

　　对于 IMA，可以将失效分析对象设置为整个 IMA、IMA 组件和子组件甚至更多次要组件。选择 IMA 组件作为基本分析对象的原因有三点。①如果采用整个 IMA 进行失效分析，则会出现"整个"涵盖"部分"的错误。没有 IMA 用户系统使用所有 IMA 组件。IMA 的故障概率远低于任何组件或组件组合的故障概率。在评估是否满足安全目标时，将使用更安全的值来替代实际目标。显然，这会影响评估结论的正确性并误导合规性判断。②这种方式忽略了影响 IMA 配置的 IMA 资源分配的合理性。硬件和软件的开发保证级别不足以保证设备和系统的开发保证级别。设备和系统的开发保证水平的实现与它们的体系结构和配置密切相关。因此，它将掩盖资源分配中存在的问题。③安全验证工作量很大，如图 4.21 所示，故障和功能的映射在图 4.21 的左侧含糊不清。因此，验证故障及其对每个功能的影响需要详尽的测试用例，但是，如果可以将映射关系分成更小的粒度，则将简化验证工作。

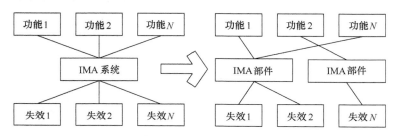

图 4.21　简化 IMA 相应功能和失效

　　如果将 IMA 组件内部的某些子组件用作失效分析对象，则失效分析结果将更加准确，并且可以更清晰地定位设计漏洞。但是，如此多的子组件在类型和数量上将具有巨大的工作量和时间成本。同时，失效分析人员必须更加熟悉 IMA。基于上述考虑，为 IMA 组件设置的失效分析对象的粒度更为合适和合理。但是，失效分析的粒度需要根据失效分析的结果进行调整。IMA 用户系统实际上只是使用了一些子组件。如果 IMA 组件的故障概率不足以支持其安全要求，并且无法通过缓解手段降低 IMA 用户系统的安全要求，请尝试以子组件为过渡分析对象，以证明其合规性。

4.4.4.1　基于组件的 IMA 级联失效分析步骤

1. 确定需要分析的 IMA 组件的范围
　　定义失效、失效分析对象及其故障模式、失效分析对象的选择规则；考虑共模因素引起的依赖关系，评估 IMA 组件一次失效和多次失效的失效概率；根据选择规则和失效概率，选出初步失效分析对象的集合；将 IMA 失效分析对象与关键功能进行映射，并验证范围涵盖 IMA 组件所利用的关键功能。
　　失效可能来自内部错误或外部事件。为了清楚和方便分析，将单个组件的故障定义为单个故障，两个或多个组件的组合定义为多个故障，即"单个故障"表示单个 IMA 组件故障，"多个故障"表示多个 IMA 组件故障。根据 ARP 4761 故障模式定义为功能完全丧失(简称丧失)或者完全被误导(简称误导)。当其故障概率无法满足用户的安全要求时，建议对其部分丢失或误导性进行进一步分析。

2. 评估 IMA 组件的组合

必须评估单个组件失效是否会导致灾难性后果。确保需要评估的 IMA 组件组合为特定系统的实现构造冗余或备份的组件的组合，证明程序如下。

假设存在独立的功能 F_1 和 F_2，以及 IMA 组件 C1L、C2L、C1R、C2R。如图 4.22 所示，功能 F_1 使用组件 C1L，功能 F_2 使用组件 C1R。C1L 的故障将导致 F_1 的故障状态，C1R 的故障将导致 F_2 的故障状态。C1L 结合 C1R 的失败概率远低于任一组件的失效概率，但其影响不会超过 F_1 和 F_2 失效条件中最严重的一个。因此应该将 C1L 和 C1R 纳入失效分析范围，但不必考虑它们的组合。

如图 4.23 所示，功能 F_1 使用组件 C1L，功能 F_2 使用 C1R 和 C2R，其中 C1R 和 C2R 组件构成 F_2 的冗余体系结构。C1L 的故障会导致 F_1 的故障，而仅 C1R 或 C2R 的故障不会导致 F_2 的故障。只有 C1R 和 C2R 的故障组合会导致 F_2 的故障情况。C1L 和 C1R 或 C2R 的组合不会导致 F_2 的故障情况，这些组合的失效概率远低于 C1L 的失效概率。失效分析的范围仅应包括 C1L 以及 C1R 和 C2R 的组合。

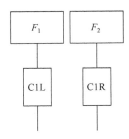

图 4.22　IMA 组件的第一种情况

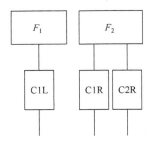

图 4.23　IMA 组件的第二种情况

如图 4.24 所示，功能 F_1 使用组件 C1L 和 C2L，功能 F_2 使用组件 C1R 和 C2R。C1L 和 C2L、C1R 和 C2R 分别构成冗余。仅应分析 C1L 和 C2L、C1R 和 C2R 的组合。交叉组合不被视为分析对象。

如上所述，将为特定系统构建冗余或备份关系的组件组合纳入失效分析范围。对于 ARINC 664 网络交换机，无需考虑两个"A"通道交换机的组合或两个"B"通道交换机的组合。由于关键功能都使用"A\B"通道，因此任何故障都不会造成不利影响。但是，应分析用于同一功能的"A"和"B"通道开关的组合的故障影响。另外，不需要考虑级联交换机的组合，因为这种组合失

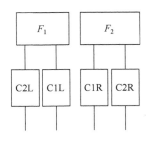

图 4.24　IMA 组件的第三种情况

效的失效后果并不比任何一个失效严重。对于 RDIU 而言，考虑成对传输重要系统信号是关键。

3. 进行失效影响分析

失效分析应分别评估对飞机、机组人员和乘客的影响，并在进行综合评估后得出最终评估结果。失效分析的重点是受 IMA 组件信号影响的系统和飞机级功能。根据"概率与故障严重程度之间的关系"，以及"单一故障不会导致灾难性故障情况"的规定，确定符合性。

4.4.4.2　基于组件的 IMA 级联失效分析案例

1. 选择失效分析对象的规则

失效分析对象不应忽略可能对 IMA 用户系统造成不可接受影响的故障，也不应对不适当的对象进行无效的分析工作。因此，失效分析对象的选择必须定义一定的规则，以限制失效分析对象的范围。应该考虑以下方面。

故障概率对范围的影响：概率超过 10^{-9} 的多个故障不再考虑，所有单一故障均纳入分析范围。

如何处理 IMA 用户系统未直接利用的 IMA 组件：ARINC 664 数据总线的终端系统应与通用处理模块一起考虑，而不应视为一个单独的组件。虽然功率调节模块属于 IMA，但 IMA 用户系统未使用其资源。因此，无需对功率调节模块进行分析。IMA 机柜以及功率调节模块也不在失效分析范围内。

2. 失效分析对象的确认

关键系统影响飞机的重要功能和调度。重要功能意味着其故障条件为Ⅰ类、Ⅱ类或Ⅲ类。必须对关键系统使用的这些组件进行充分分析，以确保安全水平足以支撑飞机。系统安全需求，消除对飞机的不利影响。

如表 4.7 所示，对于液压系统，需要确认 RDIU1 是否在失效分析范围内。起落架系统使用 ARS 6 和 ACS 1R 作为通信信道以实现冗余，应在范围内确认 ARS 6 和 ACS 1R 的组合。

表 4.7　验证失效范围

重要功能	相关的 IMA 组件	是否在范围内
液压	RDIU1	是
防火	RDIU1	是
导航	ARS 5&ACS 2R	是
起落架	ARS 6&ACS 1R	是

1) 失效影响类别的确定

在准备进行失效分析的组件与故障条件之间建立映射关系，如表 4.8 所示。接口控制文档中的信号将 IMA 组件与飞机和系统功能链接在一起。可以获得 IMA 组件的故障和故障条件的连接，并可以通过三个子步骤确定故障影响，这三个子步骤将根据情况给出。

表 4.8　IMA 组件-信号-功能映射关系

IMA 组件失效	相关信号	系统名称	系统级功能	系统级功能的失效条件	飞机级功能	飞机级功能失效条件
RDIU1 失效	X.xx	液压	f1	发动机驱动泵释压失效	F1	降低飞机升控能力
RDIU1 失效	Y.yy	防火	f2	前货舱的四个烟雾探测器失效	F2	当前货舱实货的时候烟雾探测器失效
RDIU2 失效	Z.zz	飞控	f3	方向舵失控	F3	飞机转向控制失效
误导的 ARS 6 &ACS 1R	M.mm	液压	f4	发动机驱动泵不能工作	F4	飞机升力或方向控制失效

2) 失效影响摘要

以丢失 RDIU 为例。如表 4.9 所示，可以根据对飞机、飞行员和乘客的影响来总结故障影响。

表 4.9　失效影响总结

RDIU1 失效	(1) 降低飞机升控能力(对飞机：等级 Ⅲ) (2) CAS 信息：左发动机驱动泵失效(对飞行员：注意)
	(1) 当货舱着火时烟雾探测器失效(对飞机：等级 Ⅳ) (2) CAS 信息：前货舱的左探测器失效(对飞行员：建议)

3) 失效影响评估

当评估单个故障或多个故障的累积影响时，统计地计算该故障导致的最严重的故障情况。另外，建立一个这样的表来观察故障条件之间的发生相关性，如表 4.10 所示，可以检索其发生顺序的依存关系并评估间接影响。

表 4.10　级联失效影响

初始的失效条件	顺接的失效条件
左发动机驱动泵	飞控功能部分失效

对所有原始或后续故障条件进行评估，对 RDIU 最终故障影响的损失进行总

结和分类，如表 4.11 所示。

表 4.11　失效影响最终评估

评估积累	对飞机影响	对乘客影响	对乘务员影响
RDIU1 失效	功能稍微降低	无	工作负担稍微增加

4) 确定失效影响类别

由于 RDIU 的故障，可以保守地将"重大"分配给故障影响类别，这会稍微降低飞机的功能并稍微增加飞行员的工作量。从 AC25.1309 获得对应于"主要"的允许失效概率为每飞行小时 10^{-5}。将 RDIU 的失效失败概率与 10^{-5} 进行比较，可以得出符合性结论。

3. 基于组件失效分析方法的验证

1) 合理性

通过 IMA 组件选择原则，可以预先选择需要进行失效分析的 IMA 组件。通过验证初步选择结果，单个 IMA 组件和 IMA 组件的组合就可以涵盖关键飞机功能所使用的组件。这两个步骤确定了 IMA 组件的失效分析范围，并且它们的组合就足够了。

通过整理与 IMA 组件相关的功能的故障状况及其信号，考虑对机组人员和飞机的累积和间接影响对故障影响及其危害严重性进行分类和累积。因此，失效分析结果是可信的。根据 AC25.1309，危险严重程度与允许的故障概率相对应，可以确定是否达到适航目标。

2) 有效性

该方法收集 IMA 组件在系统和飞机级别所涉及的功能，跟踪从 IMA 组件到飞机级故障状况的完整故障传递路径。可以作为修订和确认 ARP 4761 建议的飞机级和系统级 FTA 的一种措施。该方法可以支持飞机\系统初步失效分析，飞机\系统失效分析过程的实践，所提出的方法也是对传统失效分析方法的有效补充。

4.4.5　基于 DOMINO-GSPN 的级联失效分析

DOMINO-GSPN 方法利用 GSPN 描述组件或系统之间的复杂交互，并对 IMA 的级联失效进行建模和评估。此外，IMA 组件的脆弱性用于确定级联失效传播的下一个层级，并获取用于失效分析的组件的失效状况。级联失效为每个层级故障提供一个与时间相关的风险概况，并对故障进行定量的概率分析。

4.4.5.1　基于 DOMINO-GSPN 的失效分析步骤

IMA 是典型的集成复杂系统。复杂的集成和交互(称为功能之间的耦合)使安全性和风险评估难以验证，尤其是在故障情况下。由于 IMA 中复杂的耦合使很小的潜在故障也可能导致整个飞机坠毁，这是不可接受的。为评估 IMA 发生故障的可能性，步骤 1～步骤 11 对 DOMINO-GSPN 模型进行了详细描述。步骤 1～步骤 5 描述 IMA 的级联失效，而步骤 6～步骤 9 描述 GSPN 对级联失效的建模，基于 DOMINO-GSPN 对级联失效建模的方法如图 4.25 所示。

步骤 1：识别容易发生故障的组件。

根据 IMA 的可用数据和组件，将圆形库所(P1)分配给可能产生风险主要的风险源，该风险源可能引起级联失效。首先，选定故障组件(数据总线、交换机或远程数据集中器)。

步骤 2：选择主要组件的标准。

选择主要组件时，必须考虑可能触发级联失效并能够产生可靠的升级矢量以及高发生概率的组件。此步骤中要考虑 IMA 平台系统中危险等级低的启动组件，关注其故障传播以及与 IMA 用户系统的交互。在 IMA 失效分析中忽略的危险等级低的组件应重点考虑，例如交换机或数据总线的故障，其可能导致故障传播。在二级或二级以上的传播过程中导致 IMA 用户系统严重的故障。

步骤 3：确定失效方案。

此步骤标识与每个方案关联的升级向量。例如在 IMA 中，电池老化或潮湿会触发电池升级失效。因此，必须解与特定场景相关的所有升级向量。

步骤 4：估算升级向量并与阈值进行比较。

一旦确定主要组件，就必须评估传播到相关组件或系统的每个方案升级向量。升级矢量的量化，例如数据总线故障非常严重，可能导致数据传输失效。根据 IMA 每种情况下可用的预定义阈值，通过与估计的 IMA 的升级向量进行比较来确定是否影响 IMA 用户系统。因此，一旦标识影响的 IMA 用户系统(升级矢量超过阈值)，该组件便被视为容易故障的组件即脆弱组件。

步骤 5：概率值计算。

一旦识别出易受影响的组件，就可以计算概率值(P_f)。分布由计算的概率值确定，该概率值可用于 DOMINO-GSPN 模型，以提供相关系统的故障情况。

$$P_f = a^n \tag{4.8}$$

$$Y = 1 \tag{4.9}$$

P_f是具有相同功能的所有组件的失效率，而 a 是其中某一个组件的失效率，n 为组件个数，如果有一个组件，$n=1$，如果有两个组件，则 $n=2$。例如有两个用于输出信号的通道，则 $n=2$。若两个输出信号通道均发生故障，失效率为 a^2。假定级联失效的第一级是导航系统显示的数据丢失，则失效率是 1，因为初始事件直接导致导航显示数据丢失。二次级联失效假设为飞行控制系统中自动驾驶仪的故障，其失效率也为 1。

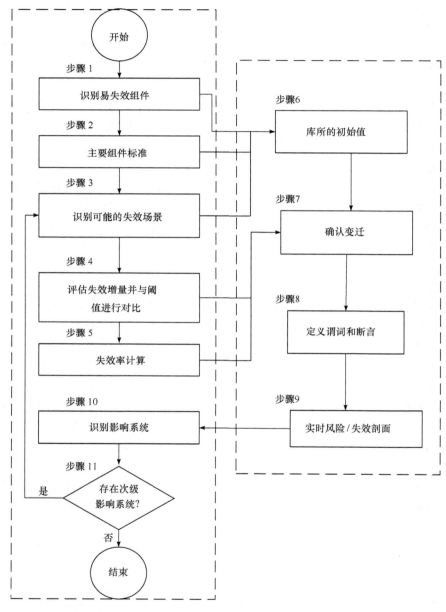

图 4.25　级联失效的 DOMINO-GSPN 模型

步骤 6：库所的初始标记。

对应于主要和更高阶分量的库所数量以及升级向量由步骤 1～步骤 3 确定。

每个组成部分/条件可以由库所表示,而组成部分/条件从先前状态到后继状态的变化则由变迁表示。组件的初始状态及其故障条件由库所的初始标记表示。

步骤 7:确定变迁标准。

分布参数、延迟时间和概率表示变迁标准将有所不同。它取决于输入和输出库所,这些库所显示与系统关联的组件/条件。如果发现某个组件故障,则变迁由步骤 4~步骤 5 确定。参数的分布由概率时间图标识,这有助于通过分布拟合来标识参数的分布。

步骤 8:定义谓词和断言。

谓词和断言可以为 true 或 false,用于验证变迁。断言是接收预定义更改的变量,这些预定义更改的值可能会随着触发结果(例如增量)而更改。另外,根据条件,这些断言变为 false 或 true。此外,GSPN 模式的结果也可以记录这些变量的行为。

步骤 9:实时风险/失效剖面。

对于级联失效的每个层级,都可以进行仿真,并且可以根据失效剖面,在传播模式确定时估计输出。当一级组件失效时,确定其二级组件或系统的失效情况。

步骤 10:识别次级组件或系统。

当次级组件或系统发生故障时,必须确定与之相关的潜在危险。通过失效分析方法(例如 FMECA)或通过级联效应分析方法中与主要失效组件的相互作用来进行危害性分析进行识别。除此之外,还应考虑 IMA 的冗余功能,损害规模及其依存系统。

步骤 11:级联失效的次级传播。

在此阶段,次级组件或系统可以影响周围其他的组件或系统,并充当上级组件。重复相同的过程(即步骤 1~步骤 9)以识别潜在的高阶系统。

4.4.5.2　基于 DOMINO-GSPN 的失效分析案例

利用 GSPN 对 IMA 平台系统中的组件和 IMA 用户系统之间级联失效的传播进行建模。例如 IMA 平台系统的两个输出信号通道均发生故障的级联失效传播,该案例模拟级联失效影响分析,但并不代表 IMA 的真实状态。级联失效影响的第一级是导航系统显示数据的丢失,第二级是飞行控制系统中自动驾驶仪的故障。表 4.12 描述 IMA 级联失效过程。

表 4.12　IMA 级联失效过程

IMA 组件失效	IMA 的冗余组件失效	导航系统	飞控系统
输出信号通道 1	输出信号通道 2	数据丧失无显示	自动驾驶失效

1. 级联失效的 GSPN 模型

为仿真级联失效，组件和系统由库所表示。指定初级组件(即输出信号通道 1),它借助弧线和变迁连接到其他库所。对表 4.12 中级联失效的例子创建 GSPN 模型，如图 4.26 所示。

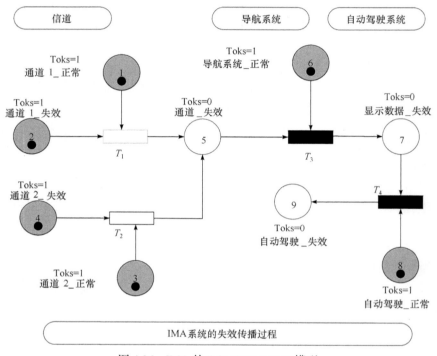

图 4.26　IMA 的 DOMINO-GSPN 模型

在此案例研究中，IMA 平台系统信号交互通道被认为是容易失效的组件。首先通道 1 失效，导致通道 2 过载，从而使通道 2 失效。根据阈值标准，通道故障传播到 IMA 用户系统。开始通道故障，通过数据交换通道故障升级并影响与之相关的系统。二级和更高级别的级联失效的概率为 1。两个通道都超过故障率阈值，导致导航系统的显示数据丢失。实际上，级联失效的第二层级可能包括许多系统，同时第二层级系统直接影响第三层级系统直至更高级系统。

首先，通道 1 和通道 2 都处于工作状态，库所存在于库所 P_1、P_3。当两个通道故障时，P_2、P_4 存在库所。顺序级联失效使用两个变迁(T_3 和 T_4)进行建模，如表 4.13 所示。

表 4.13　DOMINO-GSPN 模型中的变迁

变迁	变迁类型	描述
T_1 & T_2	时间变迁	假设信道故障遵循指数分布。前者控制通道 1 的故障率,而后者则用于通道 2 的故障率
T_3 & T_4	瞬时变迁	级联失效效应的第二级直接由初始组件失效引起,同样后一级都由前级的失效引起

2. 仿真分析

步骤 5 中提到的概率公式可用于估计概率值。可以通过概率模型来生成概率与时间的关系,如图 4.27 所示。图中已完成分布拟合,以便在 GSPN 模型中使用此信息。然后,通过标识的分布参数来判断各个变迁类型。

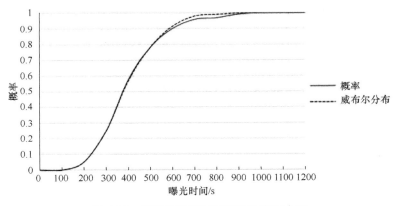

图 4.27　根据概率对时间进行分布拟合图

库所的初始标记是组件的开始状态及其故障条件。在当前情况下,库所已分配给每个通道正常和失效两种状态。由于两个通道均发生故障,导致初级组件(通道)故障。表 4.13 中提供每个变迁类型,通过计算组件的故障率,详细估算出通道 1 的故障时间以及通道 2 的故障时间,用步骤 5 中的公式计算时间 t。图 4.26 中仅示出具有三个层级的传播,并且每个层级仅包括一个系统,并不代表飞机的真实状态。其显示信道失效导致的级联失效,通道故障率达到阈值标准后,级联失效开始传播,这分别由变迁 T_3 和 T_4 表示。在 900s 后到达变迁阈值,从而导致通道故障。所有受影响的系统几乎同时失效。DOMINO-GSPN 方法相关组件或系统的连续时间依赖的故障特征。在信道故障期间,导航系统和自动驾驶仪系统几乎同时失效。基于 DOMINO-GSPN 模型,分析级联失效传播过程,获取易受影响组件各个级别的风险状况。

4.5 小 结

基于各种失效分析方法评估每种可能的灾难性失效影响。通过定性或定量的失效影响分析，表明已实施充分的保护或缓解措施，防止失效传播并保护飞机免受灾难性损坏，证明其符合适航要求。在某些情况下，适当的保护或缓解措施可能不会排除危害，应该执行系统失效场景的概率计算。结合发生概率与严重度后果，其危害等级应低于适航法规可接受水平。

针对 IMA 级联失效研究中结构建模简单和 IMA 用户系统相互影响复杂问题，给出了同层级和不同层级的双层耦合网络模型，并分别研究其级联失效机理，建立了级联失效故障机理失效模型、信息级联失效传播模型等。根据 IMA 的特点，提出了多种 IMA 失效影响分析方法。其中，基于 DOMINO-GSPN 的定量分析方法，利用阈值标准和风险状况分析组件的脆弱性，能够将故障可能性转换为评估时间依赖性。通过离散值提供在特定时间点对系统的评估，并需要连续的时间相关结果来监视 IMA 中的风险。利用 DOMINO-GSPN 建模并进行安全性分析有助于防止潜在故障的发生，对相关系统组合故障进行安全性分析是将来的研究方向。

第5章 基于功能仿真的 IMA 风险传播分析

5.1 引　言

基于级联失效对飞机产生的巨大的危害，我们需要研究其级联失效的传播机制，以更好地分析级联失效带来的影响。由于 IMA 的综合化提高飞机性能，减少机组人员的工作量，同时也增加各种交互性，如软硬件的交互和人机交互等。为此，IMA 中故障的发生以及传播机制成为一个急需研究的课题。元胞个体状态转化仅与当前状态及其相邻元胞的状态有关，这与 IMA 组件级联失效传播过程是一致的，本章研究 IMA 平台系统中信息空间的风险对 IMA 用户系统的影响方式及其跨空间传播机制。构建 IMA 的元胞自动机模型，模型考虑风险在 IMA 平台系统空间、IMA 用户系统空间以及两个空间之间的传播特点，对 IMA 平台系统中的元胞(信息元胞)和 IMA 用户系统空间中的元胞(功能元胞)的状态转换规则进行建模，通过该模型可以模拟 IMA 中故障的传播过程；最后通过 Matlab 仿真分析 IMA 的风险跨空间传递概率、元胞的修复率以及对风险传播的影响，并分析 IMA 的仿真时间间隔对仿真结果准确性的影响，从而为 IMA 风险的跨空间传播机制的研究提供手段和依据。

5.2　IMA 级联失效跨空间传播的基本形式

在 IMA 中，IMA 平台系统空间和 IMA 用户系统空间之间有着广泛的交互。在这两个空间中远程数据集中器、输入/输出(input/output, I/O)模型、交换机和分区功能软件，起着承上启下的作用，是 IMA 平台系统空间与 IMA 用户系统空间交互的接口。

将 IMA 平台系统空间对 IMA 用户系统空间的影响分为两类：直接影响类型和间接影响类型。前者是 IMA 平台系统中的组件故障会直接导致相关 IMA 用户系统的故障，如 IMA 平台系统导航系统的分区软件故障直接导致导航系统显示信息错误，由于导航信息错误又导致自动驾驶系统受影响，这就是间接影响。IMA 风险传递路径如图 5.1 所示。

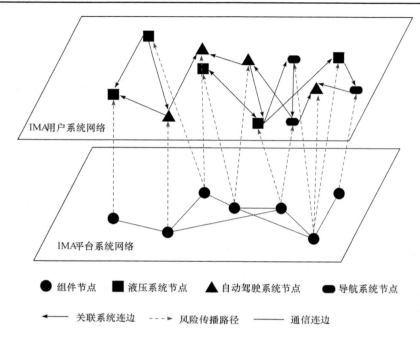

图 5.1　IMA 风险传递路径

5.3　改进的元胞自动机

元胞自动机(cellular automata, CA)通过相邻的元胞进行状态的传递。该方法广泛应用于信息科学、社会学、物理学和计算机科学等，但在民用飞机领域的应用还较少。

常用的典型元胞自动机根据邻居类型分为 von Neumann 型、Moore 型和 Margolus 型，其类型如图 5.2 所示。其中，黑色的正方形表示元胞空间中的任意一个元胞，如可以标识 IMA 平台系统中失效组件，灰色的是其邻居，如容易受它影响的其他组件或功能系统，白色的则是元胞空间中的其他元胞，如不受影响的组件或者系统功能。在 IMA 中，邻居并不简单地从地理分布上划分，而是需要元胞间存在通信连接或者功能连接才算是互为邻居。

von Neumann 型

Moore 型

Margolus 型

图 5.2　几个典型的元胞邻居类型

元胞自动机包含元胞及其状态(cellular and states)、元胞空间(lattice)、邻居(neighbor)及元胞演化规则即状态变换函数四个基本元素,可以用一个四元组表示: $C=(S, L, N, R)$。

(1) C 代表一个元胞自动机系统。

(2) S 代表元胞的状态,可以根据所研究的系统特点来确定元胞的可选状态;当 IMA 平台系统交换机组件失效时,其他交换机组件受影响不大,可从正常状态转换为降额运行,其状态为部分失效状态。当 IMA 平台系统中导航系统的分区功能软件失效时,导航系统组件由正常状态过渡为失效或故障状态;当降额运行交换机由于负载太大也失效时,交换机组件由部分失效状态转化失效状态。由于 IMA 的自愈性特点,交换机或分区功能软件都有可能从失效到正常或从部分失效恢复到正常。元胞受影响程度标识组件或者系统功能组件的失效严重程度,用 "0" 表示正常运行状态;"1" 表示部分失效状态;"2" 表示失效/故障状态,如图 5.3 所示。

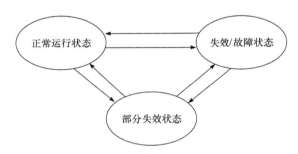

图 5.3　组件失效的三状态模型

(3) L 表示元胞空间,将组件或功能系统组件模拟成元胞进行分析,把 IMA 信息传播网络看成一个元胞空间。

(4) N 表示系统中一个元胞的所有邻居的集合,根据 IMA 组件或者功能系统组件间的信息传递与功能耦合关系选取 Moore 型邻居进行分析,并且在此基础上进行改进,其改进模型如图 5.4 所示,假设互为邻居的元胞是相连的,扩展传统的二维空间。每个元胞周围有 j 个邻居,设第 i 个元胞在 t 时刻状态为 S_i^t,而其邻居状态分别记为 $S_i^t, S_{i+1}^t, S_{i+2}^t, \cdots\cdots, S_{i+j}^t$。

(5) R 是元胞的状态转移函数即元胞状态转换的规则,通常由其当前时刻的状态及其邻居当前时刻的状态决定元胞下一时刻的状态,即状态转移函数:

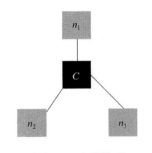

图 5.4　改进模型

$S_i^{t+1} = f(S_i^t, S_{i+1}^t, \cdots, S_{i+j}^t)$。

除以上五个组成部分外，影响模型精度的重要因素还包括元胞自动机的更新时间 T。元胞自动机的更新时间是指元胞更新各自状态的周期，与其他仿真方法中的仿真步长等同。T 值取得过大或者过小，都会影响仿真的精度。

5.4　基于细胞自动机的 IMA 级联失效传播模型

根据细胞自动机的基本理论，本章以 IMA 中的组件或者功能系统为细胞，构建 IMA 故障传播的细胞自动机模型。

5.4.1　IMA 的细胞及其状态

根据 IMA 的特点，可以将其所包含的组件分为功能细胞和信息细胞两类。其中，功能细胞主要是 IMA 用户系统包括导航系统、通信系统、飞行控制系统和液压系统等。信息细胞则主要包括 IMA 平台系统中的交换机、GPM 和 RDC。本章将为 IMA 平台系统的信息细胞和 IMA 用户系统的功能细胞两种类型的细胞分别建立细胞自动机模型。

正常状态和故障状态均存在于 IMA 的功能细胞和信息细胞中，其中 "0" 表示正常状态，"1" 表示故障状态。IMA 中细胞正常状态和故障状态的转换关系如图 5.5 所示。当信息细胞故障时，可能会引起相关功能细胞的故障，这是与标准细胞自动机不同的。例如 IMA 平台系统的组件(左信息细胞)会引起相应其他 IMA 平台系统组件(右信息细胞)失效，同时其会引起相应功能系统(功能细胞)失效。IMA 用户功能系统之间也会相互影响在功能细胞(左)和功能细胞(右)之间。

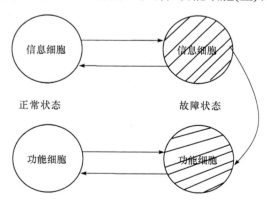

图 5.5　功能细胞和信息细胞的状态转换图

5.4.2　IMA 的细胞空间

IMA 平台系统的信息细胞空间可简化表示为 N 个信息细胞构成的一维细胞空间，细胞空间中的元素表示 IMA 平台系统的一个组件。IMA 用户系统的细胞空间用一个 $M×M$ 的二维细胞空间表示，M 表示直接影响 IMA 用户系统即功能系统的个数，其细胞空间中的元素表示直接受影响其他 IMA 用户系统。

5.4.3　IMA 的细胞邻居

考虑到信息流和能量流都是带方向的，IMA 可以用有向图 $G=(V, E)$ 表示，其中 V 为 IMA 中所有组件的集合包括组件和系统；E 表示 IMA 中所有边的集合。如式(5.1)所示，用邻接矩阵 Z 来表示 IMAG 中各个细胞之间的邻居关系。IMA 中邻接矩阵中的元素为"1"代表组件 i 和 j 之间存在关联关系，"0"代表没有关联关系。本章对 IMA 的邻接矩阵进行分块，使它们能够与 IMA 平台系统的信息细胞和 IMA 用户系统的功能细胞相对应。

$$Z = \begin{bmatrix} A_{m×m} & B_{m×n} \\ C_{n×m} & D_{n×n} \end{bmatrix} \tag{5.1}$$

$A=(a_{i,j})_{m×m}$ 为 IMA 平台系统的信息细胞邻接矩阵，表示 IMA 平台系统中的信息空间中共有 M 个组件即信息细胞，$a_{i,j}$ 表示在 IMA 平台系统的信息空间中，组件 i 失效导致组件 j 失效的概率：

$$a_{i,j} = \frac{\lambda_j}{\sum_{k \in N_i} \lambda_k} \tag{5.2}$$

式中，λ_j 和 λ_k 分别表示 IMA 平台系统中组件 j 和组件 k 的故障率，其值越小越不容易故障；N_i 表示组件 i 的邻居组件的合集。$B=(b_{i,j})_{m×m}$ 为 IMA 平台系统的信息空间对 IMA 用户系统的功能空间的风险传递矩阵，其代表 IMA 风险的跨空间传递，$b_{i,j} \in [0,1]$ 表示 IMA 平台系统的信息空间风险转化为 IMA 用户系统的功能空间故障的概率，$b_{i,j}=1$ 表示 IMA 平台系统的信息细胞 i 的故障将直接使 IMA 用户系统的功能细胞 j 故障。如果 $b_{i,j} \neq 0$，则称组件 i 和功能系统 j 为相关组件。$C=(c_{i,j})_{n×m}$ 表示 IMA 用户系统的功能空间故障对 IMA 平台系统的信息空间的作用。在 IMA 中，不仅 IMA 平台系统的故障会对 IMA 用户系统的运行产生影响，IMA 用户系统的故障也可能对 IMA 平台系统产生影响，如 IMA 用户系统的传感器故障采集到的错误信息，这将使 IMA 平台系统加工信息后传输出错误信息。但这种情况概率较小，而且即使发生使用传统的安全性方法进行分析即可。由于主要研究 IMA 平台系统的信息空间中安全风险向 IMA 用户系统的功能空间传播的机制，赋予相应的 C 矩阵为一个零矩阵。$D=(d_{i,j})_{n \times n}$ 为 IMA 用户系统的功能细胞邻接矩阵，矩阵中最多有 n 个 IMA 用户系统，矩阵中的元素 $d_{i,j}$ 表示 IMA 用户系统 i 失效引起 IMA 用户系统 j 的级联失效概率。

5.4.4　IMA 的状态转换规则

1. 平台系统的信息细胞状态转换

对于 IMA 平台系统的信息空间中的任一组件 j 在 $t+1$ 时刻的状态 $s_j(t+1)$，由组件 j 在 t 时刻的状态 $s_j(t)$ 和组件 j 的邻居组件在 t 时刻的状态 $s_j^N(t)$ 决定。假设组件 i 故障，在每个固定时间段内，组件 i 都以 $a_{i,j}$ 的概率影响邻居组件 j，其为正常状态，即组件以 $a_{i,j}$ 的概率选择组件 j 为下一个影响组件。对于组件 j，在 $t+1$ 时刻受影响的概率可表示为

$$\omega_j(t+1)=1-\prod_{i \in N_j}(1-a_{i,j} \times s_i(t)) \tag{5.3}$$

由于组件受到一些例如故障隔离等机制的保护，又因为一个正常的组件只有受到影响程度严重才会使状态改变，所以在分析组件状态转移的过程中还需要考虑不同组件的受影响程度。组件 j 在 $t+1$ 时刻失效的概率 $p_j(t+1)$ 表示为

$$p_j(t+1)=\omega_f(t+1) \times \lambda_j \tag{5.4}$$

其中，$s_i(t)$ 为组件 i 在 t 时刻的状态参数

$$s_i(t)=\begin{cases}1, & \text{节点}i\text{故障状态} \\ 0, & \text{节点}i\text{正常状态}\end{cases} \tag{5.5}$$

在影响其他组件的同时，IMA 平台系统的信息故障细胞还具有以一定概率修复的能力。所以对于 IMA 平台系统的信息空间的任一组件 i，其状态转换规则如下：

$$s_i(t+1)=\begin{cases}\overline{s_i(t)}, & g>0 \\ s_i(t), & g \leqslant 0\end{cases} \tag{5.6}$$

$$g=\overline{s_i(t)} \times (P_i(t+1)-r)+s_i(t) \times (\beta_i-r) \tag{5.7}$$

在公式(5.6)中取反操作用横线表示；组件的状态转换判断函数用 g 表示，当 $g>0$ 时，组件 i 在 $t+1$ 时刻与 t 时刻的状态相反，其他情况状态不变；r 范围在[0,1]之间；β_i 表示 IMA 平台系统中组件 i 的修复率。公式(5.7)由两部分组成，第一项用于确定 IMA 平台系统的组件 i 状态是否由正常变为故障，第二项则用于确定 IMA 平台系统的组件 i 状态是否由故障变为正常。当 r 小于 $P_i(t+1)$ 或 β_i 时，表

示相应的转化发生，即 IMA 平台系统的组件 i 的状态改变。

当 IMA 平台系统的组件 i 在时刻 t 为正常状态时，$s_i(t)=0$，则第二部分为零，第一部分起作用，即 $g=\overline{s_i(t)}(P_i(t+1)-r)$。当 $P_i(t+1)>r$ 时，即式中 $g>0$，则 IMA 平台系统的组件 i 受到影响，$s_i(t+1)=\overline{s_i(t)}$；反之，若 $P_i(t+1)<r$，$g\leqslant0$，则 IMA 平台系统的组件 i 没有受到影响，保持正常状态 $s_i(t+1)=s_i(t)$。当 IMA 平台系统的组件 i 在时刻 t 为故障状态时，$\overline{s_i(t)}=0$，则公式(5.7)的第一部分为零，利用第二部分进行计算，即 $g=s_i(t)\times(\beta_i-r)$，当 $\beta_i>r$ 时，$g>0$，则 IMA 平台系统的组件 i 受到影响，$s_i(t+1)=\overline{s_i(t)}$；反之，则 IMA 平台系统的组件 i 没有受到影响，保持正常状态 $s_i(t+1)=s_i(t)$。

2. IMA 用户系统的功能细胞状态转换

IMA 平台系统的信息空间的风险传递和 IMA 用户系统功能空间的故障传播是 IMA 用户系统的功能空间中功能系统状态转变的两个主要影响因素。

如果 IMA 平台系统的信息空间中的组件 i 和 IMA 用户系统的功能空间中的功能系统 j 为相关系统，则当 IMA 平台系统中的组件 i 在 t 时刻状态由正常变为故障，IMA 用户系统 j 同时以 b_{ij} 的概率转化为故障状态；与此相同，如果 IMA 平台系统组件 i 在 t 时刻状态由故障恢复到正常，相应的 IMA 用户系统 j 将在 t 时刻变为正常状态。例如 IMA 平台系统分区软件故障导致导航系统失效时，相关的飞控系统或者液压系统的将直接故障。在 IMA 用户系统功能空间中，若系统 i 与系统 j 相关，则系统 i 的下一时刻的状态与此时系统 j 的状态是一致的。除来自 IMA 平台系统的信息空间的风险传递外，IMA 用户系统功能空间某系统的故障也会给其他系统的正常运行带来风险。令 IMA 用户系统的极限容量为 $P_{i,j}^{\max}$，如果 $|d_{i,j}|>P_{i,j}^{\max}$，则认为相关 IMA 用户系统出现故障。由以上分析可得功能细胞在 $t+1$ 时刻的状态如下式所示：

$$s_{i,j}(t+1)=\begin{cases}1, & |d_{i,j}|>P_{i,j}^{\max}\text{或相关信息节点有故障}\\0, & |d_{i,j}|<P_{i,j}^{\max}\text{且相关信息节点无故障}\end{cases}\quad(5.8)$$

3. IMA 用户系统的故障规模

在 IMA 的仿真过程中，IMA 平台系统信息空间的风险对 IMA 用户系统功能空间正常工作的系统产生影响，需要重点关注。所以定义 IMA 用户系统的功能空间的故障规模为 IMA 用户系统的功能空间故障系统的比例，可按式(5.9)进行计算：

$$I(t)=\frac{N_f(t)}{N_0}\quad(5.9)$$

式中，$I(t)$ 和 $N_f(t)$ 分别表示 t 时刻 IMA 用户系统的功能空间故障系统的比例和故障系统的数量；N_0 表示 IMA 用户系统的功能空间中系统总数。

5.5　IMA 级联失效跨空间传播仿真案例

5.5.1　IMA 的仿真场景

由式(5.5)、(5.6)、(5.7)和(5.8)可见，IMA 平台系统的信息空间的风险传递到 IMA 用户系统功能空间并造成功能空间故障，这一故障传递过程主要与 IMA 平台系统的信息空间对 IMA 用户系统的功能空间的风险传递矩阵 B、组件被选为受影响组件并成功受影响的概率和受影响组件的修复率等因素有关。因此，多个 Matlab 仿真场景被创建，分析 IMA 风险的传递和传播过程，IMA 风险跨空间传递概率对 IMA 风险传播的影响，以及 IMA 故障细胞修复率对 IMA 风险传播的影响。此外，考虑到 IMA 平台系统中信息空间和 IMA 用户系统的功能空间的进程可能并不一致，本章还分析 IMA 的仿真时间间隔对 IMA 故障传播的影响。

5.5.2　IMA 的仿真模型及基本参数

在 IMA 的信息风险的跨空间传播机制被重点研究，为展示 IMA 风险的传递过程并简化分析，对 IMA 中远程数据集中器丧失进行仿真。系统的拓扑结构如图 5.6 所示。信息空间即 IMA 平台系统功能相当于一个信号转换加工处理器，所有的通信信号在平台内进行加工处理。从 IMA 用户系统采集到的非 ARINC 666 信号如飞行控制信号，通过远程数据集中器转换成包含飞控信息 ARINC 666 信号，通过 ARINC 666 网络交换机传输到通用处理模块。由分区功能软件中飞行控制软件进行加工处理，通过 ARINC 666 网络交换机输出加工后的信号，最后由远程数据集中器转换成相应的非 ARINC 666 信号进行传输到飞行控制系统进行功能控制，从而影响 IMA 用户系统即功能空间的各个系统。

假设通用处理模块、交换机 A、交换机 B 和远程数据集中器的故障率分别为 0.35、0.61、0.61 和 0.71，根据公式(5.1)和(5.9)计算可得矩阵 A：

$$A = \begin{bmatrix} 0 & 0.5 & 0.5 & 0 \\ 0.21 & 0 & 0.37 & 0.42 \\ 0.21 & 0.37 & 0 & 0.42 \\ 0 & 0.5 & 0.5 & 0 \end{bmatrix}$$

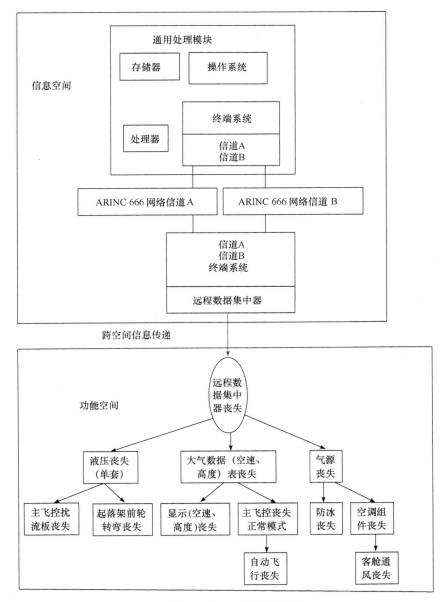

图 5.6　IMA 的结构关系

5.5.3　IMA 的仿真流程

本章使用 Matlab 编程进行仿真，其仿真过程步骤如下。

(1) 在 IMA 仿真的初始时刻，令 IMA 平台系统的信息空间中的任一信息细胞如组件因某些原因而失效。

(2) 根据矩阵 B 判断是否有相关联的 IMA 用户系统的功能细胞失效，如果有 IMA 用户系统的功能细胞失效，则根据 IMA 用户系统之间的关联关系，判断下一时刻是否有其他 IMA 用户系统失效；若无，其后等待仿真，进行到下一时刻。

(3) 根据 IMA 平台系统和 IMA 用户之间的状态转换规则，更新 IMA 平台系统的信息细胞和 IMA 用户系统的功能细胞下一时刻的状态，并在此基础上更新 IMA 平台系统和 IMA 用户系统的连接关系。

(4) 若仿真时间结束，输出相应的 IMA 用户系统的功能空间故障规模，仿真的流程如图 5.7 所示。

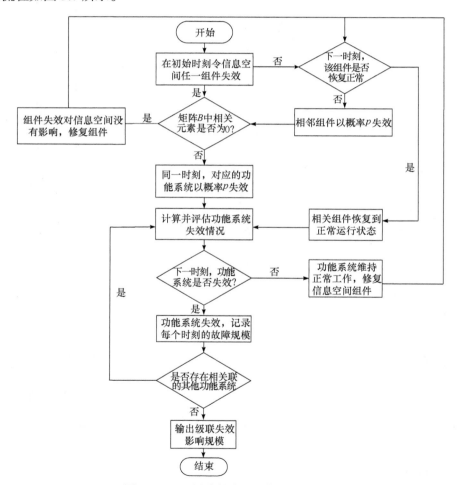

图 5.7　IMA 风险的跨空间传播仿真流程

5.5.4　IMA 的仿真结果与分析

1. IMA 风险的传播和演化

基于 IMA 的细胞自动机的仿真结果，IMA 风险的传递过程被用可视化的形式进行展示。取 IMA 的修复率 $\beta = 0$，IMA 的风险跨空间传递的概率为 1，设初始故障组件为交换机，则 IMA 的风险传递过程如图 5.8 所示。在图中，一维的正方形格子表示 IMA 平台系统的信息细胞空间，正方形格子从左至右分别表示通用处理模块、网络交换机 A、网络交换机 B 和远程数据集中器。二维的正方形格子表示 IMA 用户系统的功能空间，由网络交换机失效引起的功能系统一级级联系统、二级级联系统和三级级联系统的失效。其中包括液压系统、大气系统、飞控系统、起落架系统、防冰系统、显示系统、自动驾驶系统和客舱系统等。

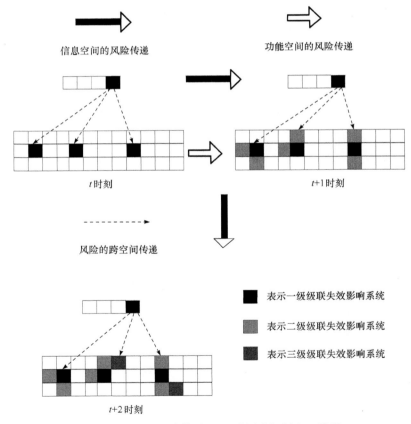

图 5.8　IMA 的风险传递过程(彩图清扫封底二维码)

由图 5.8 可见，t 时刻 IMA 平台系统的信息空间中的交换机失效，但由于 IMA 的风险传递概率的限制，IMA 风险在第一时刻传递到 IMA 用户系统的功能空间，导致液压丧失(单套)、大气数据(空速、高度)表丧失和气源丧失，在图 5.8 中由黑色框表示。$t+1$ 时刻，失效继续在功能空间中传播，液压丧失(单套)又导致与之相关联的主飞控扰流板丧失和起落架前轮转弯丧失，气数据(空速、高度)表丧失导致显示(空速、高度)丧失和主飞控丧失正常模式，同时气源丧失又导致防冰丧失和空调组件丧失，在图 5.8 中由棕色框表示。$t+2$ 时刻，级联失效继续传播，主飞控丧失正常模式导致自动飞行丧失，空调组件丧失导致客舱通风丧失，在图 5.8 中由紫色框表示。

　　IMA 风险在 IMA 平台系统的信息空间中的传播和它跨空间传播到 IMA 用户系统的功能空间都具有一定的概率性，图 5.9 所示的 IMA 的风险传播过程只是针对交换机失效跨空间的故障传播情况。现在针对 IMA 平台系统的信息空间中不同组件失效组合，分析其 IMA 风险传播的时间特性。为体现 IMA 风险传播的统计特性，根据公式(5.9)对每类组合都执行 50 次仿真试验，取仿真结果的统计平均值。由图 5.9 可见，除组件 2、3 以外，其中 2、3 组件几乎重合，其他组件失效后在 6 个仿真时间步长中就使得相关功能系统中 80% 以上的相关 IMA 用户系统故障。其中，组件 1 和 4 失效后，其 IMA 平台系统的安全风险传播到 IMA 用户系统的功能空间并使功能空间中大部分相关联的功能系统故障所需的时间最少，所以在安全性分析中需重点关注。

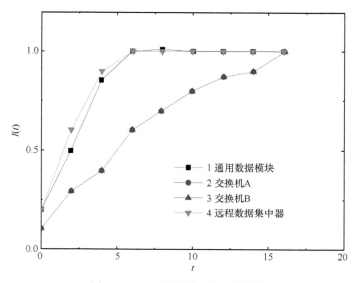

图 5.9　IMA 的风险演化时间特性

2. IMA 风险跨空间传递概率对风险传播的影响

　　取 IMA 的修复率 $\beta=0$，设初始故障组件为通用处理模块，IMA 的风险跨空间传播的概率 b 以 0.2 为步长从 0.1 增长到 0.9 和 $b=1$，共 6 个步长进行仿真。仿真结果如图 5.10 所示。由图 5.10 可见，随着 IMA 的风险跨空间传播概率 b 的增大，IMA 平台系统的通用数据模块中的信息安全风险传播到 IMA 用户系统的功能空间并导致功能空间中所有相关功能系统故障所经历的时间变短。所以得出结论，若 IMA 的风险跨空间传递的概率相对越大，由 IMA 平台系统的信息空间中的安全风险而造成 IMA 用户系统的功能系统故障的可能性就越大。

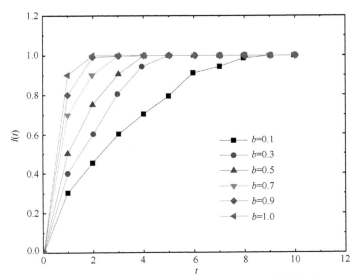

图 5.10　IMA 风险跨空间传递概率对风险传播的影响

3. IMA 的修复率对风险传播的影响

取 IMA 风险跨空间传递的概率为 0.5，设初始故障组件为通用数据处理模型，故障细胞的修复率 β 以 0.2 为步长从 0.2 增长到 1，仿真结果如图 5.11 所示。可见，随着 IMA 平台系统的信息细胞修复率的增强，通用数据模块的失效被控制住的概率越来越大，其安全风险传播到 IMA 用户系统的功能空间的可能性越来越小。当 $\beta = 1$ 时，说明任何故障的 IMA 平台系统的信息空间的组件修复率都会在下一时刻恢复到正常状态，所以 IMA 用户系统的功能空间的相关故障系统最终也将全部恢复正常工作。为此，可以通过提高 IMA 平台系统的信息空间中故障细胞的修复率来增强 IMA 抵抗风险传播的能力。

4. 故障在 IMA 平台系统与 IMA 用户系统传播速率比对仿真结果的影响

在上述 Matlab 仿真中，假设 IMA 平台系统的信息空间和 IMA 用户系统的功能空间的仿真时间间隔相同，即认为安全风险在 IMA 平台系统的信息空间和 IMA 用户系统的功能空间的传播速度是一致的。在此基础上分析 IMA 风险的跨空间传递概率和故障组件的修复率对风险在 IMA 中传播的影响，取得一些结论。实际上，IMA 风险在 IMA 平台系统信息空间中的传播速率和 IMA 用户系统的功能故障在功能系统中的传播速率不同。因此，应用 IMA 组件自动机进行定时定量分析的一个重点是如何将 IMA 的组件自动机模型中的仿真时间间隔与实际 IMA 的风险传播过程中的状态转化的时间间隔对应起来。某些文献提出可以根据历史数据来推导仿真的间隔时间，但是针对 IMA 故障的事件所收集的资料几乎没有，所以只能通过仿真来展示不同的状态转换时间间隔对仿真结果的影响。

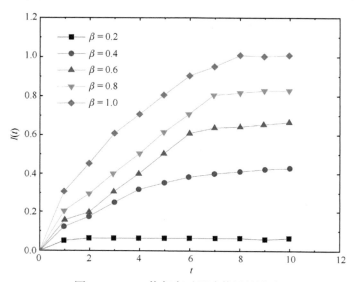

图 5.11　IMA 修复率对风险传播的影响

取 IMA 的修复率 $\beta=1$，IMA 风险跨空间传播的概率为 0.5，设初始故障组件为通用数据处理模块。定义为 IMA 风险在 IMA 平台系统的信息空间中的传播速率与故障在 IMA 用户系统的功能空间中的传播速率的比值为 R。仿真结果如图 5.12 所示，当 R 大于等于 1 时，IMA 用户系统的功能空间的故障规模保持在比较低的水平，这主要是因为 IMA 的修复率 $\beta=1$，发生故障的 IMA 平台系统的组件将在下一时刻恢复正常。随着 R 的减小，对比图 5.12 可以发现，即使 IMA 平台系统组件的修复率高达 1，也不能控制住 IMA 平台系统与 IMA 用户系统之间的风险传播。这主要是因为随着 R 的减少，当 IMA 平台系统的组件发生一次状态转化时，相应的 IMA 用户系统的功能系统已经进行 n 次状态转化。因此，在 IMA 平台系统的组件已修复，并恢复对相关 IMA 用户系统的功能系统的正常控制之前 IMA 用户系统的功能空间中的故障就已经在大范围地传播。由此可见，为使仿真结果更加准确，需要在下一步的工作中深入分析 IMA 风险在 IMA 平台系统的信息空间中的传播速率以及故障在 IMA 用户系统的功能空间中的传播速率与仿真时间间隔的对应关系，即 IMA 平台系统的组件和 IMA 用户系统的功能系统的状态转换时间间隔。

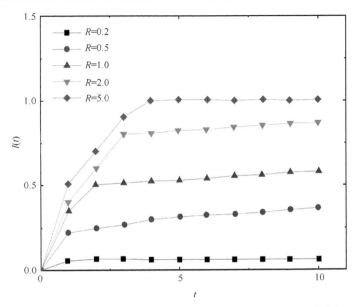

图 5.12　故障在 IMA 平台系统和 IMA 用户系统传播速率比对风险传播的影响

5.6　小　　结

　　本章详细介绍 IMA 的级联失效影响分析，并提出 ETA、CMEA 和 RM 的工程用级联失效分析方法，在此基础上对 IMA 的组合失效进行分析。在 IMA 中，IMA 平台系统的信息空间的安全风险不容忽视。随着 IMA 平台系统的信息系统与 IMA 用户系统的功能系统的耦合逐步加深，IMA 平台系统的信息空间中的风险很有可能传递到 IMA 用户系统的功能空间中并导致相关功能系统故障。根据以上描述，本章对风险在 IMA 中的传播机制进行了初步探讨。首先针对 IMA 的特点构建基于细胞自动机的 IMA 风险传播模型，然后通过 Matlab 仿真显示 IMA 平台系统和 IMA 用户系统之间的风险跨空间传递过程，对 IMA 风险传播过程中的几个关键因素，如 IMA 风险跨空间传递概率、修复率对 IMA 风险传播的影响以及故障传播速率比对仿真结果的影响进行分析，Matlab 仿真结果表明：

　　(1) IMA 风险跨空间传递概率影响 IMA 平台系统的信息空间的安全风险传播到 IMA 用户系统的功能空间，并导致功能空间中所有相关功能系统故障所需的时间减少，IMA 风险跨空间传递概率越大，所需时间越少；

　　(2) IMA 平台系统信息组件修复率越高，IMA 平台系统的安全风险传播到 IMA 用户系统的功能空间的可能性越小；

　　(3) IMA 的状态转换时间间隔的选取，即故障在 IMA 平台系统和 IMA 用户系统传播的速率比对结果的定量分析有着重要的影响，此外，IMA 平台系统的信息空间中组件被选为影响组件并成功影响的概率也是影响 IMA 风险跨空间传递的重要因素。

第 6 章　基于 GSPN 的 IMA 安全性建模方法

6.1　引　　言

IMA 为研发先进飞机航空电子系统提供了新的机遇和挑战。从第 2 章的分析可知，FTGPN 方法只适用于简化的 IMA 平台系统的动静态建模，并且存在很多假设的条件，手动创建 IMA 平台系统模型容易出错，从而使进行安全性分析的结果也存在误差，所以需要探索一种限制少、自动化程度高的建模方法。在此基础上，本章提出组合的安全性分析方法。首次根据需求进行安全性建模的分类，HiP-HOPS 方法能清楚地表达系统的层次关系，适用于对静态系统的安全性分析；AADL 适合描述复杂的动态系统，并能转化为相应的 GSPN 进行安全性分析。组合的安全性方法不仅拓展分析的思路，对解决复杂的 IMA 建模问题提供了一定的帮助。

6.2　基于组合方法的安全性建模

本节提出了一种新的组合方法，用于分析复杂的 IMA 的建模。另外，组合方法不仅可以建立静态模型，还可以根据判断准则建立动态模型。静态模型采用 HiP-HOPS 安全性分析模型。同时，AADL 创建的动态模型可直接转换为 GSPN 进行安全性分析。组合方法不仅可以保持安全分析中数据的一致性，而且可以为 IMA 中的组合故障建立安全性分析模型。最后，通过 IMA 的案例验证该组合方法的有效性。

根据判断准则确定应为系统构建静态或者动态模型。判断准则如下：

准则 1：故障传播路径相对简单，应选择静态模型。

准则 2：对关键设备或某些确定组件进行安全分析，应使用静态模型。

准则 3：组件之间的相互作用非常复杂，创建动态模型。

如果选择静态模型，则组合方法将遵循与 HiP-HOPS 相同的步骤。组合方法的优点是可创建 AADL 模型描述组件之间的组合故障，并转换为相应的 GSPN 模型进行安全性分析。此外，通过 FTA 或 GSPN 来定量地验证是否满足安全性要求。组合方法安全性分析流程如图 6.1 所示。

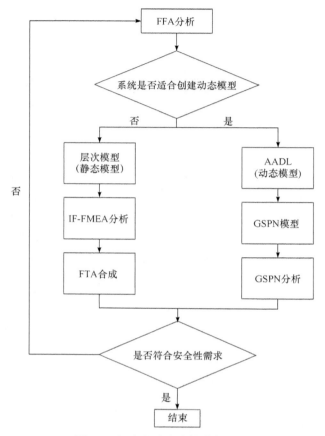

图 6.1　组合方法安全性分析流程

6.2.1　HiP-HOPS 安全性建模方法

IMA 具有减少飞机重量、降低维修费用、减少资源配置、提高资源效能和降低机组人员工作负载等重要的作用。系统资源、功能综合和任务合成三个方面是 IMA 的综合体现。系统综合化的同时会相应地导致一些故障的融合与放大[147]。

文献[148]把组件失效原因分成组件本身故障与输入故障两类，从而解决了故障传播问题，但没从功能失效分析(function failure analysis，FFA)开始分析失效原因，不能保证数据的一致性。文献[46]加入 AltaRica 语言才能描述系统的异常行为，增加了建模的复杂性。传统的安全性分析模型与设计模型是相互独立的，安全性分析方法如 FTA 和 FMEA 也不能适应复杂系统的安全性分析的要求。

本节提出了使用 HiP-HOPS 安全性分析方法，该方法基于大量的成熟技术，诸如 FFA、FMEA 和 FTA，并修改和整合这些技术，有效地实现对复杂系统安全性的综合评估[147]。利用 HiP-HOPS 方法首先既对单个失效又对组合失效进行

FFA，从而找出导致严重或灾难性影响的功能性损失或故障。创建分层模型，从而使功能危险识别模型和系统安全性评估模型之间具有较强的追溯性。基于接口的失效模式影响分析(interface focused-FMEA, IF-FMEA)不仅分析由内部故障引起的组件失效模式，还分析与组件接口的其他组件生成的输入失效模式，同时通过深度遍历失效模式生成故障树，从而解决了 IMA 故障传播的问题。

HiP-HOPS 由 FFA、层次化建模(hierarchical model)、IF-FMEA 和 FTA 四部分组成，其系统层次关系如图 6.2 所示。

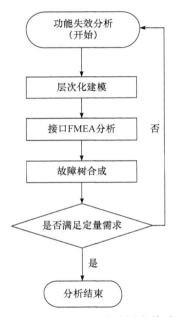

图 6.2　HiP-HOPS 方法层次关系

6.2.1.1　功能失效分析

安全性分析过程从功能失效分析(FFA)开始，FFA 是功能危险评估的一部分。功能模型用于识别单一或多个功能失效组合。构建功能模型的功能框图，检查模型中的每个功能，查找潜在失效模式。这些失效模式中包括功能丧失、输入失效。对于失效，必须确定其影响、重要性、检测方法和恢复措施。FFA 分析结果用来确定系统的关键功能失效，即导致严重或灾难性影响的功能性损失或失效。

6.2.1.2　层次化建模

FFA 提供系统的可能出现故障模式，并帮助设计系统的初始架构。为确保分析之间的一致性，即所有安全性评估的步骤，均在创建的层次化模型上进行，所以需对系统进行层次化建模。

6.2.1.3　基于接口的失效模式影响分析

通过对分层模型的设计分解和细化，来确定基本的硬件和软件组件，并使用 IF-FMEA 来分析这些组件的失效行为[36,148-153]。传统的 FMEA 仅检查组件自身内部的失效原因，即它仅考虑由内部故障引起的组件失效行为。实际上，一个组件失效不仅会由内部故障引起，它也可以由输入失效事件引起，即 IF-FMEA。

IF-FMEA 不仅检查由内部故障引起的组件故障模式，还提供一种系统的方法对组件输入和输出接口故障传播进行检查，其故障原因示意图如图 6.3 所示。

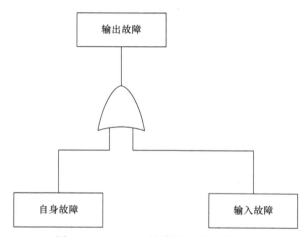

图 6.3　IF-FMEA 故障原因分析示意图

该方法应用于每个组件，并生成失效模型(以表格形式表示)。IF-FMEA 表可提供组件输出的失效模式列表。对于失效，确定内部失效与接口组件的输入失效逻辑组合。失效逻辑的组合即输入失效模式，在 IF-FMEA 表中由输入故障标识。除硬件安全性分析外，IF-FMEA 也可以用于软件安全性分析。

6.2.1.4　合成故障树

IF-FMEA 组件分析的故障原因是内部组件故障和组件输入故障的逻辑组合。其运算符 "&" 与 "和" 同，"|" 与 "或" 同。连字符前面的部分为失效类别，类别标识及意义如表 6.1 所示。

表 6.1　类别标识及意义

失效类别标识	代表意义
O	丢失
C	错误指令
Vs_0	值卡在零

例如(fmode.A | fmode.B)＆O-power 代表 A 失效或者 B 失效的情况下，同时电源失效就会导致输出失效。首先解析 IF-FMEA 生成的分析树，其次对解析树进行深度优先遍历生成故障树，最后故障树进行定量分析。合成故障树(fault tree synthesis)流程如图 6.4 所示。

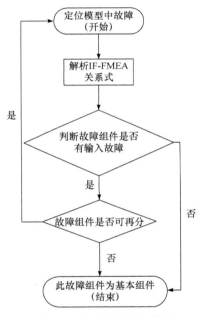

图 6.4　合成故障树流程图

其具体步骤如下：

(1) 定位层次模型中故障输出组件；

(2) 解析 IF-FMEA 关系式，判断故障组件是否有输入故障；

(3) 若无输入故障，则此故障组件为基本事件；

(4) 若有输入故障，则此故障组件可再分为输入故障组件和基本组件；

(5) 输入故障组件可返回步骤(1)。

利用简化信息模型推演合成故障树算法，如图 6.5 所示的简化模型，由 A、B 两部件组成，每个部件分别由信号丢失和显示值卡在 0 两种故障模式组成，其中 a2 信号是 a1 信号的备份。B 为显示设备，显示值为 0 时，可由信号丢失或者值卡在 0 引起。组件 IF-FMEA 分析结果如表 6.2 和表 6.3 所示。

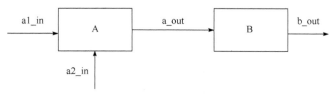

图 6.5　简化信息模型

表 6.2　组件 A 的 IF-FMEA

输出故障模式	故障原因描述	输入故障	组件内部故障
O-a_out	组件 A 输出信号丢失，可由组件 A 输入信号丢失引起，或者自身组件故障引起	O- a1_in& O- a2_in	A_failure
Vs_0-a_out	组件 A 输出信号值卡在 0，可由 a1 信号丢失并且 a2 信号值卡在 0 或者 a2 信号丢失并且 a2 信号值卡在 0 引起，或者自身组件值卡在 0 引起	(O- a1_in &Vs_0-a2_in)| (O- a2_in &Vs_0-a1_in)	A_stuck_at_0

表 6.3　组件 B 的 IF-FMEA

输出故障模式	故障原因描述	输入故障	组件内部故障
O-b_out	组件 B 输出信号丢失，可由组件 B 输入信号值卡到 0 或者输入信号丢失引起，或者自身组件故障引起	Vs_0-a_out|O-a_out	B_failure

(1) 根据算法，合成的第一步是遍历分层模型并找到生成输出失效的组件 B。

(2) 解析组件 B 的 IF-FMEA 输入故障关系式 Vs_0-a_out|O-a_out，通过判断可知此关系式可追溯到下层 A 的输入故障，易知 B_failure 是基本事件，从而合成第一层故障树，如图 6.6 所示。

(3) 对组件 A 进行 IF-FMEA 分析，其为组件故障或组件输入偏差的组合。解析组件 A 的 IF-FMEA 输入故障关系式 O-a1_in&O-a2_in 和(O-a1_in&Vs_0-a2_in)|(O-a2_in&Vs_0-a1_in)，通过判断可知关系式中所有事件均为基本事件，从而合成简化模型信息完整的故障树，如图 6.7 所示。

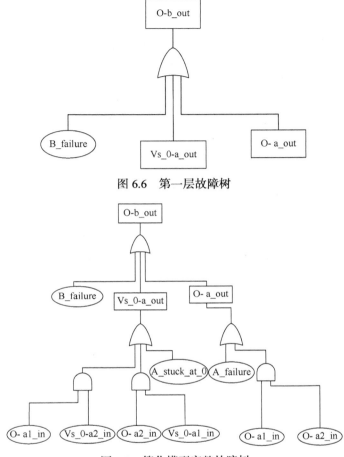

图 6.6 第一层故障树

图 6.7 简化模型完整故障树

6.2.2 基于 AADL 和 GSPN 安全性建模方法

基于 AADL 和广义随机 Petri 网的安全性分析方法。创建 IMA 平台系统架构的 AADL 模型，根据转化规则，IMA 平台系统的 AADL 模型被转化为相应的 GSPN 模型，同时获取完整的 IMA 平台系统内部组件故障传播的动态影响直观图，并为基于 GSPN 模型进行定量的安全性分析提供基础。

6.2.2.1 AADL 体系结构建模

AADL 体系结构分析与设计语言将系统设计、分析、验证和自动代码生成等关键环节融合于统一框架之下，主要实现在 OSATE 平台上建模，首先要创建体系结构模型，其次加入错误模型，最后进行安全性分析[154,155]，如图 6.8 所示。

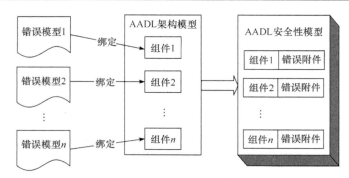

图 6.8　AADL 安全性建模

　　AADL 系统体系结构包括软件体系结构和硬件体系结构，其描述一个系统在软硬件方面的静态结构。为进一步丰富 AADL 语言的表达能力，AADL 定义属性集扩展和附件扩展两种方式[156]。其中，属性集扩展丰富 AADL 在系统非功能约束方面的描述能力[157]；而附件扩展则增强 AADL 对构件实际功能行为的详细描述能力[158,159]。

　　IMA 架构模型主要由两部分组成，一部分为 AADL 架构模型，另一部分为对 AADL 模型添加了错误属性的错误附件模型，如图 6.9 所示。

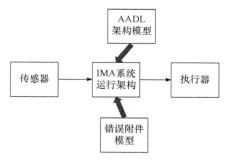

图 6.9　IMA 架构模型

　　AADL 包括构件类型(type)和构件实现(implementation)两部分。构件类型之间也存在着继承(extends)关系，一个构件类型对应着多个构件。构件可以分为三类：系统构件、软件构件和硬件构件。具体分类介绍见表 6.4。

表 6.4　AADL 构件分类表

分类	中文名	英文名	备注
软件构件	数据	Data	源代码和应用数据类型中的数据
	进程	Process	受保护地址空间内的程序基本执行实体

续表

分类	中文名	英文名	备注
软件构件	线程组	Thread Group	用于在逻辑上组织一个进程范围内的线程、线程组合数据构件的抽象
	线程	Thread	并行执行的可调度单元
	子程序组	Subprogram Group	子程序纳入程序库
	子程序	Subprogram	可顺序访问的可执行代码、表示诸如返回和访问方法
硬件构件	处理器	Processor	调度、执行线程和虚拟处理器
	虚拟处理器	Virtual Process	能够调度和执行的线程逻辑资源
	存储器	Memeory	用于存储代码和数据
	总线	Bus	用于连接处理器、存储器和设备
	虚拟总线	Virtual Bus	表示诸如虚拟通道或通信协议
	设备	Device	表示与外部环境接口的传感器、执行器或其他构件
系统构件	系统	System	将软件、硬件和其他系统构件集成到一个体系结构之内

　　上文概述 AADL 的软硬件系统结构，主要描述系统构件的静态层次结构与非功能属性，主要介绍可用 AADL 语言对系统进行体系架构的描述。执行模型主要描述系统体系架构的动态行为，为进一步的系统行为分析提供支持。

6.2.2.2　错误附件

　　错误模型附件(error model annex)使用错误附件库来创建错误模型，并且使错误模型和体系结构对同一个组件建模并使之相关联，描述不同种类的故障和故障行为，以及相互作用或故障传播。错误模型附件支持系统的定性和定量安全性分析[160]。

　　对于由成千上万组件和传感器组成的 IMA，很难分析其中的故障传播和组合故障[161]。故障传播和组合故障非常复杂，传统的方法无法解决安全性建模问题。EMV2[154]对 AADL 语言进行扩展，利用 EMV2 创建的错误模型可以指定故障行为和故障传播，从而支持对系统可靠性和安全性的定性和定量评估。研究表明，与一些现有的安全性评估技术相比，在体系结构级别的安全性评估中错误模型附件发挥极其重要的作用[162]。此外，由于 AADL 缺乏形式语义和执行性，因此基于 AADL 的研究通常需要把 AADL 模型转换为其他安全性分析模型，可以利用现有技术和工具进行分析和验证。例如，故障树[163]、广义随机 Petri 网[164-166]、定时 Petri 网[167]、确定性随机 Petri 网等。但是，它们都没有考虑如何使用 AADL 解决故障传播和故障组合问题。文献[168]给出了组件之间、软件和硬件之间的故障传播所对相应的 AADL 错误模型，但是它未对组合故障进行分析。

1. AADL 错误模型附件

AADL 可使用附加到体系结构模型的专用语言来进行扩展。这些组件通过附加的特性和要求进行增强，称为附件语言。用于功能性和非功能性分析的附件语言对体系结构模型组件进行注释。

可以为每个组件添加类型和实现，分别用错误类型和行为进行建模。几种错误模型的实现可以对应于相同的错误模型类型[168]。还可以通过模型指定错误流以及在组件和端口之间传播的错误。在系统级别使用此类附件对错误行为进行建模，有助于对不同类型的故障进行分析[169]。如 EMV 中所述，EMV2 支持对不同类型的故障进行建模。对单个系统组件进行故障行为建模，对影响相关组件的故障传播进行建模，以及对软件组件与其执行平台之间交互作用和层次关系进行建模。根据组件层次结构对故障行为和传播的聚集关系进行建模，以及在实际系统的体系结构中制定预期的容错策略。EMV2 的目的是支持系统的可信性，例如对可靠性、可用性、完整性(安全性)和生存性进行定性和定量评估。根据注释使嵌入式软件、计算机平台和物理系统架构模型符合特定的容错策略[161]。

2. 组件错误行为

用户可以为每个组件指定一个错误事件，例如故障、恢复和修复事件以及它们的发生概率，并且描述错误事件与输入错误如何影响组件的错误状态。在什么条件下组件输出错误，何时组件检测到错误行为并解决错误行为。

错误行为由可重用的错误行为状态机指定。图 6.10 说明具有正常和失效状态的状态机。错误事件触发转换为"失效"状态，而恢复事件触发转换为"正常"状态。

```
⊖ error behavior Simple
 events
 failure : error event ;
 recov : error event ;
 states
 Operational : initial state ;
 Failed : state ;
 transitions
 t1 : Operational-[failure]->Failed;
 t2 : Failed-[recov]->Operational;
 end behavior ;
```

图 6.10　错误行为状态机

3. 组合错误行为

组合错误行为是指随着子组件错误状态的更新，父组件可能会进入新的错误状态。AADL 错误附件提供几种状态组合逻辑运算：or、and、ormore、orless。运算 or 表示其中之一为 true，则运算 or 的表达式为 true。至少 n 个运算为 true 时，带有 ormore 的表达式才为 true。运算符 orless 与 ormore 相反。如果多于 n 个运算为 true，则具有 orless 的表达式为 false[163,170]。

图 6.11 显示使用两个传感器运行的示例系统。只要一个传感器处于运行状态，系统就一直保持运行状态，但是当两个传感器都发生故障时，系统失效。

```
composite error behavior
states
[ sensor1.Failed and sensor2.Failed]-> Failed;
[ sensor1.Operational or sensor2.Operational]->Operational;
end composite ;
```

图 6.11　组合错误行为

6.2.2.3　AADL 安全性模型

AADL 安全性模型由 AADL 体系架构模型和 AADL 错误附件两部分组成，如图 6.12 所示。按照层次结构将安全性模型分为三个组成部分，其中包括组件内错误模型(error model，EM)、组件间错误传播(error propagation，E2E)模型和组合错误行为(composite error behavior，CEB)模型。例如，图 6.12 的安全性模型被分为不同的组成部分。EM 表示组件内部的故障行为和错误转换。E2E 表示从一个组件的 EM 到互连组件的 EM，其为基于两个组件之间的连接。CEB 是组合组件的行为，由子组件的错误状态组合运算表示。

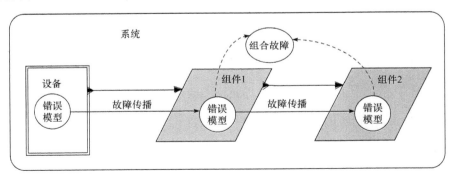

图 6.12　AADL 安全性模型

1. 组件内错误模型

EM 代表独立组件的错误模型，该模型指定组件的内部错误行为。它由状态、事件和转换三个部分组成。错误行为转换是指当满足转换条件时，组件从原状态转换为目标状态。转换条件可以是错误事件或输入错误，输入的错误同样能触发转换。

2. 组件间故障传播模型

E2E 包含两个独立组件之间的故障传播以及由故障传播触发的转换。被指定错误类型的故障，可通过组件端口进行传播。可以在数据、事件或事件数据端口中定义错误传播点(error propagation point, EPP)，其中包括输入端口的输入错误传播点(ingoing error propagation points, IEPP)和输出端口的输出错误传播点(outgoing error propagation points, OEPP)。

3. 组合错误行为模型

CEB 的语义模型如图 6.13 所示，使用 Composite_state_expression 表达式。CEB 允许组合组件(包含子组件)，根据其输入错误，用组合逻辑以及其子组件的错误状态来表达错误状态(composite_state)。CEB 支持的逻辑运算符为 and、or、ormore 和 orless。

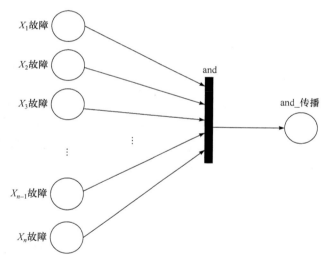

图 6.13　GSPN 的 and 门模型

IMA 的 AADL 建模，其安全性模型的示例如图 6.12 所示。在 AADL 模型中包括组件 1、组件 2 和一个硬件设备三个部分。组件之间存在故障传播，组件 1 和组件 2 中的故障可能导致组合故障。有关组件错误行为和组合错误行为的更多信息，请参见 6.2.2.2 节。根据转换规则 AADL 模型中的"and"和"or"对应到 GSPN 模型中分别如图 6.13 和图 6.14 所示。

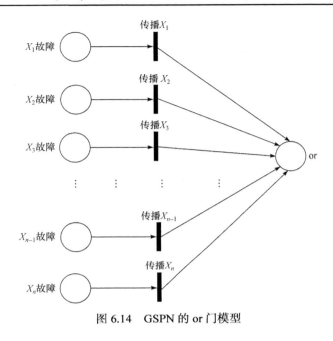

图 6.14　GSPN 的 or 门模型

6.3　IMA 的安全性建模案例

基于组合方法对于 IMA 进行安全性建模和分析。根据判断准则，为飞机座舱显示系统选择静态安全性建模，为 IMA 平台系统和飞行控制软件系统选择动态安全性建模。

6.3.1　IMA 的静态建模案例

IMA 包括 IMA 平台系统和 IMA 用户系统，飞机座舱显示系统是其中一个 IMA 用户系统。对某飞机座舱显示系统，使用 HiP-HOPS 方法进行安全性分析和评估。

1) 座舱显示系统 FFA 分析

IMA 架构的飞机座舱显示系统，驻留在通用处理模块的数据源，经过交换机 (switch) 进行网络传输，送至平视显示设备 (head down display, HDD)。交换机网络采用 A、B 通道进行传输备份，其中 FFA 分析如表 6.5 所示。

表 6.5　HDD 功能失效分析

失效模式	描述	影响等级	定量概率要求 (每飞行小时)
O-HDD Center	座舱显示信息丢失	Hazardous	10^{-7}
C-HDD Center	座舱显示信息错误	Catastrophic	10^{-9}

2) 驾驶舱显示系统层次化模型

驾驶舱显示系统物理架构模型规定组成系统的物理元素、这些物理元素之间的关系以及它们的部署策略。图 6.15 为飞机驾驶舱显示系统所对应的物理架构图。由于物理架构清晰地定义底层硬件以及硬件之间的实际交联关系，因此主要使用系统物理架构作为 HiP-HOPS 安全性分析方法的层次化模型。

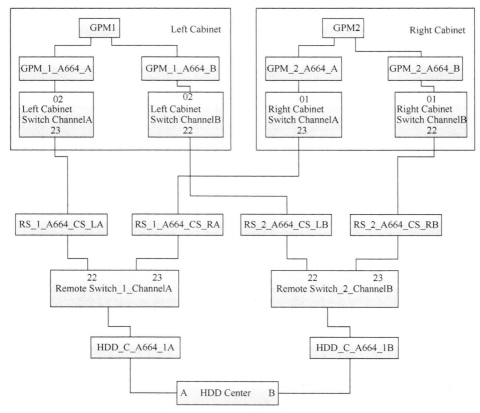

图 6.15　某飞机驾驶舱显示系统物理架构图

3) IF-FMEA 分析

由于驾驶舱显示系统物理架构采用对称设计，以 HDD 显示器信号丢失为例进行 IF-FMEA，并合成相应的故障树。在物理架构中，组件带有数字 664 标识的属于连接线，均默认为完全可靠。组件信号丢失用 O-组件名称标识，组件信号错误用 C-组件名称标识。组件输入信号用组件名称_Input 标识，组件输出信号用组件名称_Output 标识。对显示器 HDD Center 输出信号丢失进行 IF-FMEA，详细过程如表 6.6~表 6.14 所示。

表 6.6　HDD Center 的 IF-FMEA

输出故障模式	故障原因描述	输入故障	组件内部故障
O-HDD Center	显示器 HDD Center 输出信号丢失，可由 Remote Switch_1_ ChannelA 输出信号丢失同时 Remote Switch_1_ChannelB 输出信号丢失引起，或者自身组件故障引起	O-Remote Switch_1_ ChannelA_Output&O-Remote Switch_1_ ChannelB_Output	HDD Center_failure

表 6.7　组件 Remote Switch_1_ChannelA 的 IF-FMEA

输出故障模式	故障原因描述	输入故障	组件内部故障
O-Remote Switch_ 1_ChannelA_Output	组件 Remote Switch_1_ChannelA 输出信号丢失，可由 Left Cabinet Switch ChannelA 输出信号丢失同时 Right Cabinet Switch ChannelA 输出信号丢失引起，或者自身组件故障引起	O-Left Cabinet Switch ChannelA_ Output&O_Right Cabinet Switch ChannelA_Output	Remote Switch_1_ ChannelA__failure

表 6.8　组件 Remote Switch_1_ChannelB 的 IF-FMEA

输出故障模式	故障原因描述	输入故障	组件内部故障
O-Remote Switch_1 _ChannelB_Output	组件 Remote Switch_1_ChannelB 输出信号丢失，可由 Left Cabinet Switch ChannelB 输出信号丢失同时 Right Cabinet Switch ChannelB 输出信号丢失引起，或者自身组件故障引起	O-Left Cabinet Switch ChannelB_Output&O-Right Cabinet Switch ChannelB_Output	Remote Switch_1_ ChannelB__failure

表 6.9　组件 Left Cabinet Switch ChannelA 的 IF-FMEA

输出故障模式	故障原因描述	输入故障	组件内部故障
O-Remote Switch_ 1_ChannelA_Output	组件 Remote Switch_1_ChannelA 输出信号丢失，可由 Left Cabinet Switch ChannelA 输出信号丢失同时 Right Cabinet Switch ChannelA 输出信号丢失引起，或者自身组件故障引起	O-Left Cabinet Switch ChannelA_Output&O-Right Cabinet Switch ChannelA_Output	Remote Switch_1_ ChannelA__failure

表 6.10　组件 Right Cabinet Switch ChannelA 的 IF-FMEA

输出故障模式	故障原因描述	输入故障	组件内部故障
O-Right Cabinet Switch ChannelA _Output	组件 Right Cabinet Switch ChannelA 输出信号丢失，可由 GPM2 输出信号丢失或 Right Cabinet 信号丢失引起，或者自身组件故障引起	O-GPM2_Output |O-Right Cabinet	Right Cabinet Switch ChannelA__failure

表 6.11　组件 Left Cabinet Switch ChannelB 的 IF-FMEA

输出故障模式	故障原因描述	输入故障	组件内部故障
O-Left Cabinet Switch ChannelB _Output	组件 Left Cabinet Switch ChannelB 输出信号丢失，可由 GPM1 输出信号丢失或者 Left Cabinet 信号丢失引起，或者自身组件故障引起	O-GPM1_Output |O-Left Cabinet	Left Cabinet Switch ChannelB＿failure

表 6.12　组件 Right Cabinet Switch ChannelB 的 IF-FMEA

输出故障模式	故障原因描述	输入故障	组件内部故障
O-Right Cabinet Switch ChannelB _Output	组件 Right Cabinet Switch ChannelB 输出信号丢失，可由 GPM2 输出信号丢失或者 Right Cabinet 信号丢失引起，或者自身组件故障引起。	O-GPM2_Output| O-Right Cabinet	Right Cabinet Switch ChannelB＿failure

表 6.13　组件 GPM1 的 IF-FMEA

输出故障模式	故障原因描述	输入故障	组件内部故障
O- GPM1_Output	组件 GPM1 输出信号丢失，可由 Left Cabine 信号丢失引起，或者身组件故障引起	O-Left Cabinet	GPM1＿failure

表 6.14　组件 GPM2 的 IF-FMEA

输出故障模式	故障原因描述	输入故障	组件内部故障
O- GPM2_Output	组件 GPM2 输出信号丢失，可由 Right Cabine 信号丢失引起，或者自身组件故障引起	O-Right Cabine	GPM2＿failure

4) 合成 FTA

故障树是通过遍历系统的分层设计，从 HDD 向前追溯到系统中 GPM 的输入。在这个过程中，解析在遍历期间遇到的组件 IF-FMEA 表达式，把每个组件接收到的输入故障替换成相应其他组件的输出故障。通过深度遍历 IF-FMEA 表格，合成故障树，如图 6.16 所示。

在图 6.16 中故障单元组件用圆圈表示，可分解的组合组件失效由长方形表示。通过合成故障树，直观展示所有能引起客舱信号丢失的故障单元组件。层次分明，所有的相互关联都可以进行追溯。

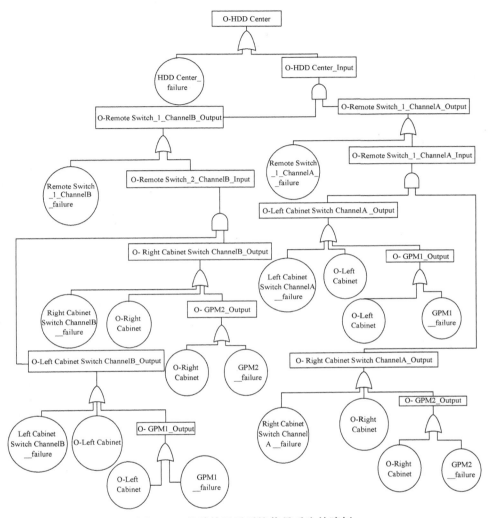

图 6.16　驾驶舱显示系统信号丢失故障树

6.3.2　IMA 的动态建模案例

IMA 包括 IMA 平台系统和 IMA 用户系统，飞行控制软件系统是其中一个 IMA 用户系统。对于复杂的 IMA 平台系统和飞行控制软件系统，选用基于 AADL 和 GSPN 方法进行建模。

6.3.2.1　IMA 平台系统安全性建模

1. IMA 平台系统的 FFA 分析

用 OSATE 软件创建的 IMA 平台系统模型[171,172]，如图 6.17 所示。IMA 平台系统有左右两个机柜, 左机柜中有两个 GPM, 每个 GPM 具有两个通道。通道将信号输出到 ACS(内部交换机)。然后, 信号从 ARS(外部交换机)经过 RDIU(远程数据接口单元)传递到传感器。GPM、SW(Switch)和 RDIU 通常都具有冗余, 但是对于 RDIU, 它们具有不同的冗余形式。正常状态下只有一个 RDIU 工作, 其他 RDIU 处于备用状态。当工作的 RDIU 发生故障时, 工作通道将被隔离并自动切换到备用状态。IMA 平台中的大多数组件都处于热储备状态。此外, GPM 模块可以位于不同的机柜中。只有当所有机柜故障时, 机柜中的 GPM 模块和 ACS 交换模块才都不可用。

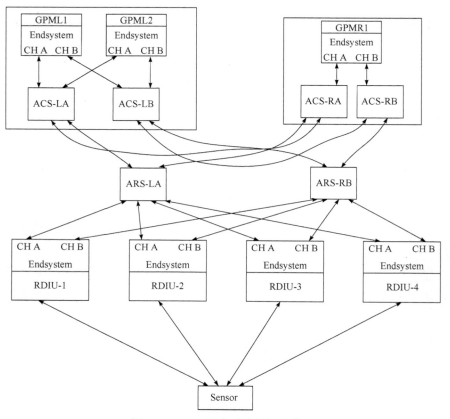

图 6.17　IMA 平台系统的架构模型

表 6.15 给出了安全模型的错误状态, 工作状态表示为 “O”, 而失效状态表示为 “F”。此外, 对于 IMA 平台中的所有组件, 故障率是 1×10^{-7}, 而维修率是 0.1。危险等级 “A” 是灾难性的, “B” 是重大的。

表 6.15　安全模型的错误状态

状态	描述	危险等级
GF	左机柜的通用数据模块故障	B
ACSF	左机柜的内部交换机故障	B
FLG	左侧通用处理模块和内部交换机都故障	B
FRG	右侧通用处理模块和内部交换机故障	B
ARSF	外部交换机故障	A
CCR	所有的通用数据模块和内部交换机都故障	A
FR	远程数据接口组件故障	A

2. 创建 AADL 模型

当左侧机柜发生故障时，可以认为左侧通用处理模块 GPML1、GPML2、内部交换机 ACS-LA 和内部交换机 ACS-LB 同时发生故障。右侧通用处理模块 GPMR1 和内部交换机 ACS-RB 的故障可能由右侧机柜故障引起。

每个组件的故障传播都包含输入故障传播和输出故障传播。通用处理模块、内部交换机、外部交换机和远程数据接口组件相互之间会产生影响。为简化安全模型，不考虑它们之间的故障传播。系统中的所有组件均包含"故障"和"正常"两个状态。如果通用处理模块 GPML1 和 GPML2 均故障，并且故障是由左侧所有通用数据模块 GPM 故障 FGL 指令触发，则状态变为 GF，即左机柜的通用数据模块 GPM 故障。同时如果内部交换机 ACS-LA 和 ACS-LB 同时发生故障并由左侧内部交换机故障指令 F2C 触发，则最终状态变为左机柜的内部交换机故障，即 ACSF 状态。由左侧所有 GPM 和 ACS 故障的触发指令 FL、左机柜的通用数据模块故障或者左机柜的内部交换机故障都可触发组合故障 FLG。

对 IMA 平台系统右侧采取同样的安全性分析方法，其最终状态是右侧通用处理模块和内部交换机故障，即 FRG。FLG 和 FRG 由所有的通用数据模块和内部交换机都故障的指令 FLR 触发，最终的组合状态为所有的通用数据模块和内部交换机都故障，即 CCR。四个远程数据接口组件通过 and 连接，并由四个 RDIU 对故障的指令 FRD 触发，组合状态最终变为 FR，即远程数据接口组件故障。此外，如果存在状态 ARSF、FR 或 CCR，则故障可能会通过 IMA 平台系统故障传播触发指令 IAF 传播到传感器(Sensor)，导致 Sensor 故障。

在本案例研究中，已经为 IMA 平台系统确定事件和事件触发因素。IMA 平台系统的 AADL 模型如图 6.18 所示，其中包括组件之间的故障传播。

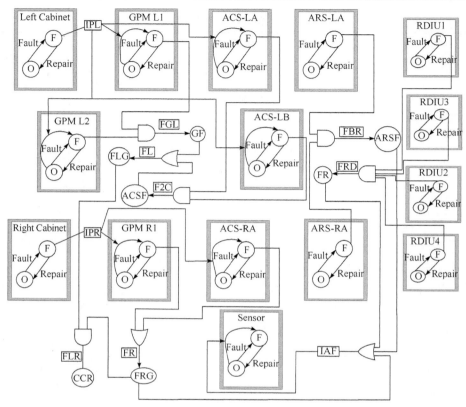

图 6.18　IMA 平台系统的 AADL 模型

　　表 6.16 显示图 6.18 中触发器和状态的含义。圆圈表示错误状，正方形表示故障事件或事件触发机制。

表 6.16　安全模型的错误事件

事件	描述	失效率
IPL	从左机柜故障传播触发指令	1×10^{-7}
IPR	从右机柜故障传播触发指令	1×10^{-7}
FGL	左侧所有通用数据模块故障触发指令	1×10^{-5}
F2C	左侧内部交换机故障触发生成指令	1.1×10^{-5}
FL	左侧所有和故障触发指令	5×10^{-6}
FR	右侧所有和故障触发指令	5×10^{-6}
FBR	所有外部交换机故障触发指令	1.1×10^{-5}
FLR	所有的通用数据模块和内部交换机都故障触发指令	2.0×10^{-5}

续表

事件	描述	失效率
IAF	IMA 平台系统故障传播触发指令	2.0×10^{-5}
FRD	4 个远程数据接口组件故障触发指令	2.0×10^{-5}

3. GSPN 安全性模型

根据从 AADL 到 GSPN 模型的转换规则[173]，创建 IMA 平台系统的 GSPN 模型，如图 6.19 所示。安全模型中的元素已转换为位置或变迁。假设发生故障时，具有冗余效果的硬件不会同时发生故障，并且组件是独立的。在图 6.19 中，组件之间的输出传播和输入传播通过瞬时变迁进行连接。组合故障行为是从子组件到系统的，例如组合故障行为指定从组件故障状态 F 到外部交换机故障(ARSF)状态的关系。这些状态之间的关系由等效的 GSPN 模型表示，其转换等效为瞬时变迁。

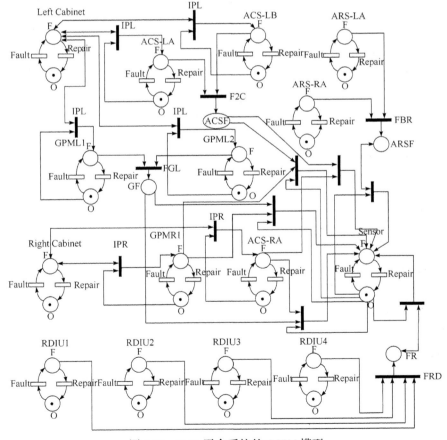

图 6.19　IMA 平台系统的 GSPN 模型

使用 OSATE 软件，AADL 模型可自动转换成 GSPN 模型，并进行安全性分析。但是，OSATE 平台不稳定，且转换很容易失败，本节采用工具 PIPE2 对 IMA 平台系统的 GSPN 模型进行分析。PIPE2 是一个开源平台，支持创建和分析 GSPN 模型。它包括不同的模块，例如稳态分析、可达性/可覆盖性图分析和 GSPN 分析。根据仿真结果，可以判断是否满足安全要求。

6.3.2.2　飞行控制软件系统安全性建模

选择双通道飞行控制软件系统(FCSS)[171]，创建 AADL 安全性模型并转化成 GSPN 模型后对其进行安全性分析。

1. 创建 AADL 系统架构模型

FCSS 包含两个通道，每个通道具有相同的任务，其中包括输入同步(ISn)、输出同步(OSn)、输入点(IV)、输出点(OV)、控制定律计算(CLC)和内置测试(BIT)。对这两个通道而言，数据通过命令(OP)输出结果。此外，飞行控制系统还包含两个空中数据系统(ADS)、一个姿态和航向参考系统(AHRS)、两个惯性导航系统(INS)、一个无线电高度表(RA)、两个电子飞行信息系统(EFIS)和一个伺服作动器(SA)[171]。

每个任务都被描述为带有线程的进程，每个硬件系统都被描述为设备。这些系统是代表 FCSS 和飞行控制系统的组合组件。使用 OSATE[172]构建的飞行控制系统的体系结构模型如图 6.20 所示。它是一个双通道 FCSS，因此有两个 ISn、两个 IV、两个 CLC、两个 OSn 和两个 OV。控制系统的传感器由两个 ADS、一个 AHRS、两个 INS 和一个 RA 组成，它们用于从环境中获取数据。FCSS 可以对来自传感器设备的数据进行采样，对这些数据执行同步操作，然后将数据输入两个 IV。两个 CLC 分别接收数据并执行 CLC 功能，它们的输出将分别由 OSn 和 OV 处理。最后，其中一个通道的 OP 组件数据将被输出到 SA。

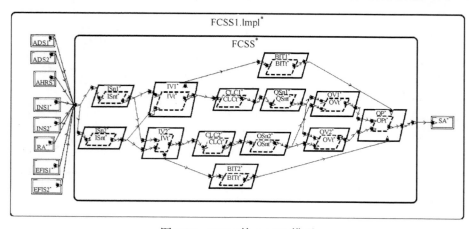

图 6.20　FCSS 的 AADL 模型

2. 创建错误扩展模型

对于每个组件，错误传播包含输入传播和输出传播。错误传播可以指定哪些类型的错误(错误状态)进行输入传播或输出传播。传播的错误可能会在相连接的组件中引起新的错误。表 6.17 显示错误状态，表 6.18 显示触发事件。

表 6.17　错误状态

组件	状态	描述	标志
IVt	Error_Free	正常	O
	Failed_Rate	失效	FR
ISnt,OSnt, OVt, ADS, AHRS, INS, RA, EFIS	Error_Free	正常	O
	Failed	失效	F
CLCt	Error_Free	正常	O
	F_ErrData	接收错误数据	FED
	F_NoData	未接收到数据	FND
	F_Late	数据延迟	FL
OPt	Error_Free	正常	O
	F_2Late	两通道延迟	F2L
FCSS	CLC1_F_ErrData	CLC1 数据错误	CF1
	CLC2_F_ErrData	CLC2 数据错误	CF2
	CLC1_F_NoData	CLC1 丧失数据	CF3
	CLC2_F_NoData	CLC2 丧失数据	CF4
	OP_F_Late	OP 失效	OF
	SysOErrCmd	FCSS 输出错误指令	SOE
	FlightErrAct	FCSS 执行错误操作	FEA
	NoCommand	不能生成错误指令	NC
	NoFlightAct	FCSS 未执行操作	NFA
	Degraded	飞行退化	D
	LatencyCmd	FCSS 输出延时命令	LC

表 6.18　触发事件

组件	事件/触发	描述	标识
IVt	HighRate	检出率太高	HR
	LowRate	检出率太低	LR
	Recover	修复	R

续表

组件	事件/触发	描述	标识
ISnt	InterEx	中断异常	IE
	Recoverd	修复	R
OSnt,OVt,ADS,RA,AHRS, INS, EFIS	Fault	触发失效	Fa
	Recover	恢复正常	R
OPt	Recover	修复	R
FCSS	O2Serv	输出命令到 SA	O2S
	ServObCmd	SA 执行指令	SOC
	GenCmd	从两个通道内生成指令	GC
	ServUsCmd	SA 使用指令	SUC
	Comput	计算	CP
	Receive	CLC 从 IV 接收数据	RE
	OCmd	输出指令	OC

当 HighRate 事件导致 IV 中的 Failed_Rate 状态时，Error_Data 类型的错误将传播到 CLC 组件并导致 IP1 故障，如图 6.21 所示。此外，如果 Isnt 失效，Error_Data 错误将传播到 IVt，进而可能传播到 CLCt，从而导致 Service_Error 错误。最后，此错误可能通过 OSnt 和 OVt 传播到 OPt。

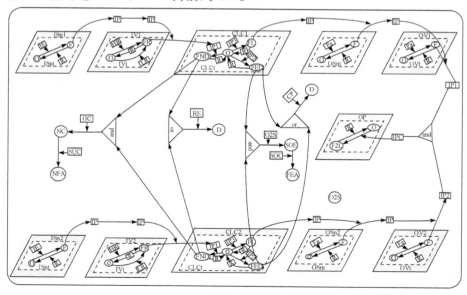

图 6.21 FCSS 软件系统的安全性模型

3. GSPN 模型

根据 AADL 模型和 GSPN 模型之间的转换规则[173]，FCSS 的 AADL 模型被完整地转化为 GSPN 模型，其 GSPN 模型如图 6.22 所示。模型中的每个组件都被转换为一个位所或变迁。模型转换时需做一些假设。例如，假设当发生继电器故障时，只有一个软件故障，而其他软件正常，并且这些软件相互之间是独立的。从子组件错误行为状态到组合状态用逻辑运算符表示，例如从状态 FND 到组合状态 NC 的关系用"AND"表示，同时添加定时变迁。

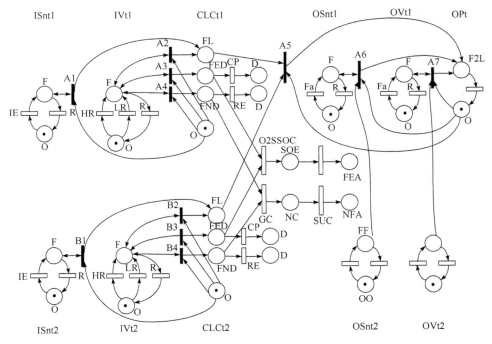

图 6.22　FCSS 的 GSPN 模型

在民机中都是按照系统、子系统和 LRU 组件划分的，FCSS 软件属于 LRU组件。软件随时间 t 发生故障的概率表示式为

$$P(T \leqslant t) = \int_0^t f(\tau)\mathrm{d}\tau, \quad \lim_{x \to \infty} P(T \leqslant t) = 1 \tag{6.1}$$

$f(\tau)$ 表示概率密度函数。软件故障发生率一般符合正态分布：Normal(μ, σ)。

GSPN 包含的元素如公式(6.2)所示：

$$\mathrm{GSPN} = (P, T, I, O, H, W, M_0, \lambda) \tag{6.2}$$

P 为库所；T 为变迁，分为瞬时和延时变迁，如 A1 和 HR；I、O 表示库所和变迁之间的连接；H 为禁止弧；W 为弧线上的权重；M_0 为初始库所的容量；λ 代表变迁值。

$$\begin{cases} \pi Q = 0 \\ \sum\limits_{i=1}^{n} \pi_i = 1 \end{cases} \tag{6.3}$$

其中，所有飞控软件组成的 n 个稳态概率为 $\pi = (\pi_1, \pi_2, \pi_3, \cdots, \pi_n)$，$Q$ 为飞控软件的状态转移矩阵如式(6.3)所示。

图 6.22 为 FCSS 系统完整的 GSPN 模型，对于复杂 GSPN 模型定量的安全性分析的具体原理如式(6.1)～式(6.3)，目前有许多成熟的分析工具以供选择，例如 PIPE2、TimeNet 等。具体参照 7.2 节的系统安全性分析。

6.4　小　　结

本章对 IMA 进行安全性分析和建模，提出一种新颖的组合方法。该方法将分层执行的危险源和传播研究(HiP-HOPS)与体系结构分析和设计语言(AADL)相结合。该方法首先判断应建立何种类型的安全性分析模型，并提供判断准则；其次，使用 HiP-HOPS 模型准确表达组件之间的故障传播，利用 AADL 创建系统的动态故障模型；此外，可以将 AADL 模型转换为广义随机 Petri 网(GSPN)，以验证是否满足安全性需求；最后，对驾驶舱的显示系统进行静态安全性建模并对 IMA 平台系统和飞行控制软件系统进行动态的安全性建模，以验证组合方法的有效性。实例研究结果表明，该方法不仅保持模型的一致性，而且还对复杂系统进行有效的安全性建模和分析。

第7章 基于模型的 IMA 安全性分析方法

7.1 引　言

现代工业系统规模的不断增长，复杂性不断提高，导致系统设计过程也随之不断复杂，新技术的引入除了带动系统的发展之外，也引出了新的复杂失效模式。传统的安全分析方法已发展得相当成熟，如危险与可操作性分析(hazard and operability analysis, HAZOP)、故障树分析(fault tree analysis, FTA)及失效模式和影响分析(failure mode and effect analysis, FMEA)等，但随着系统设计的复杂化，他们的缺陷也逐渐暴露出来，即这些安全分析方法都基于人工，且主观性大，分析的过程和结果高度取决于安全分析人员对系统模型的理解程度。如若将传统的安全分析方法应用于现代大规模的复杂系统，完全依靠人工分别针对各个模块进行建模，这一过程除了会耗费大量的人力物力，且会造成分析结果的不准确。为了解决这一难题，基于模型的安全性分析(model-based safety analysis, MBSA)方法应运而生，它能够自动化应用传统的分析方法，增强安全分析的效率和分析的能力，将人力物力消耗与分析的主观性保持在一个可控的范围内。

基于模型的系统安全性分析理论始于欧盟，它是一种通过将安全性分析任务集成到模型中，然后充分借助已有的自动化分析工具自动产生分析结果的分析技术。MBSA 的核心分为两个步骤：

(1) 设计建模，通过软件将系统分为若干模块，针对各个模块分别建模，包括机械结构、物理部件和软件模块，然后通过各个模块间的逻辑或组成关系将零散的模块整合成一个完整系统，得到系统特性。建模的意义就是对一个复杂客观实物的简化，进而方便对其进行数理分析。

(2) 安全性分析，建立的模型可描述系统出现的一个或多个故障失效时的特性，这时可利用安全性分析方法使得故障树、FMEA 等自动生成，从而完成安全性分析过程。总体来讲，MBSA 是在一个形式化模型的基础上对系统的正常状态和故障状态展开描述，目的是提供一个准确的可描述系统行为和故障失效的模型，自动进行安全分析过程，从而节省人力物力，并提高安全分析结果的效率和质量。

当前国际航空工业界建立起的以"双 V"模式为核心的民机系统研制与安全性分析体系，在系统设计与安全性分析过程中，分析人员根据系统设计文档手动建立故障树，随着分析系统设计的更改迭代，系统规模不断完善与增大，传统的安全性分析方法工作量急剧增加，对于分析人员的经验要求越来越高；同时，不同分析人员建立故障树可能不同，导致分析结果存在一定的差异。基于模型的安全性分析方法从系统设计架构出发，通过系统设计与安全性分析模型相统一，实现设计与安全性分析的同步，通过建立基于模型的安全性分析流程，展开自动定量安全性分析，一方面，减少了对分析人员经验的要求，另一方面，实现了设计与安全性分析过程的同步更改迭代，降低了安全性评估的工作量。

7.2　传统系统安全性分析方法

　　安全，一直以来都是各行各业致力实现的终极目标。各国依据本国国情及行业特点，分别制定了相关标准来定义和规范系统安全性分析内容，其基本思想是通过系统工程的手段，将安全性评估工作融入产品研发设计流程中，并逐步迭代完成安全性分析。

　　现有的系统安全标准主要包括美军标 MIL-STD-882E *System Safety*，英国国防部标准 Def Stan 00-56 *Safety Management Requirements for Defence Systems* 和国军标 GJB 900A—2012《装备安全性工作通用要求》等，以及各类行业标准，如电气/ 电子/可编程电子安全系统标准 IEC 61508 *Functional Safety of Electrical/ Electronic/Programmable Electronic Safety-Related Systems*，航空航天推荐准则 ARP 4754B *Guidelines for Development of Civil Aircraft and Systems*、ARP 4761A *Guidelines and Methods for Conducting the Safety Assessment Process on Civil Airborne Systems and Equipment*，轨道交通功能安全标准 ISO 26262 *Road Vehicles — Functional Safety* 等。

　　虽然各标准中定义的安全性分析流程存在差异，但其核心理念和基本思路是相同的，本节以飞机系统的安全性分析为例，对传统的安全性分析流程进行讨论，作为基于模型的安全分析的基础。

　　完整的安全性分析包括安全性要求的定义与系统安全性要求的验证，其流程结构符合基于系统工程研制方法的 V 型结构。系统安全性分析方法按照研制流程分为功能危险分析(FHA)、初步系统安全性分析(PSSA)及系统安全性分析(SSA)三个阶段。FHA 在设计研制阶段的早期进行，用来识别整机的功能失效情况及功能故障、衰退和功能丧失可能带来的风险；PSSA 以 FHA 的结果为输入，通过安全性分析手段，如 FTA 等，确定与分系统设计有关的危险及部件之间的功能关系导致的危险及影响，并得到衍生的安全性要求。SSA 是在 PSSA 的基础上完成的，用以完成系统级安全性的综合评价。如图 7.1 所示。

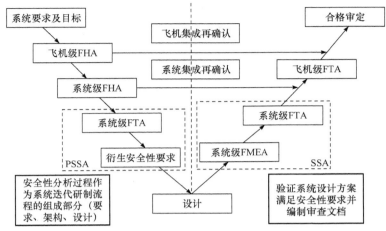

图 7.1　传统 V 型安全性分析流程

7.2.1　飞机/系统级功能危险分析

　　FHA 是针对功能进行系统全面的审查, 确定功能的失效状态并按照严重程度分类的工作。也是飞机研发设计中安全性工作的第一步。FHA 起始于飞机概念设计阶段, 是为后续研制提供设计要求及安全性需求的重要依据。FHA 通常在两个级别上进行, 分别是飞机级功能危险分析(AFHA)和系统级功能危险分析(SFHA)。

　　AFHA 是飞机研制开始时对飞机基本功能进行的顶层定性评估。以整机为研究对象, 识别飞机在不同飞行阶段可能发生的影响飞机持续、安全飞行的功能失效, 并将这些功能失效进行分类, 建立飞机必须满足的安全性需求。

　　在设计过程中, 将飞机功能分配到系统后, 综合了多重飞机功能的系统必须进行系统功能危险分析。SFHA 以系统功能为研究对象, 识别影响飞机持续、安全飞行的功能是否失效, 并根据失效对飞机、机组成员的影响严重性程度进行分类。

　　FHA 过程是一种自上而下识别功能失效状态和评估影响的方法,其主要过程如图 7.2 所示, 具体包括:

　　(1) 确定分析层次上所有相关功能(内部与交互功能);

　　(2) 确定并说明与这些功能相关的失效状态, 考虑正常与恶化环境下的单一与多重失效;

　　(3) 确定失效状态影响;

　　(4) 根据失效状态对飞机或机组成员的影响进行分类(没有安全性影响,轻微的、较大的、危险的、灾难性的);

　　(5) 给出证明失效影响分类的材料;

　　(6) 提出验证失效状态满足安全性要求的验证方法。

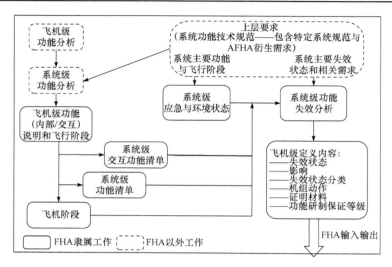

图 7.2　功能危险评估过程图

7.2.2　初步系统安全性分析

FHA 初步完成后，需要结合系统架构，开展初步系统安全性分析(PSSA)。PSSA 是安全性评估的关键环节，也是飞机顶层安全性工作、系统安全性工作、软硬件安全性工作的连接纽带。PSSA 将顶层安全性需求向系统/子系统及设备级分配，从而实现自上而下的设计理念。

PSSA 是一种自上而下，包含输入、分析、评估、输出等活动的迭代过程。根据 SFHA 失效状态等级对预期的架构及实施情况进行评估，输出系统/组件的安全性需求。PSSA 的实施过程如图 7.3 所示。

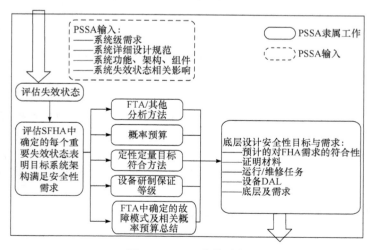

图 7.3　PSSA 实施过程

实施 PSSA 前，需要分析初始的安全性需求以及系统的初步设计/架构，形成完整的安全性需求架构。获取安全性需求的主要途径包括 AFHA、初步共因分析、SFHA 等。

PSSA 通常采用 FTA 作为分析工具，也可以采用相关图(DD)或马尔可夫分析(MA)。采用 FTA 的评估过程需完成两部分工作：

(1) 建立每个失效状态的故障树；

(2) 评估预期系统设计的符合性与安全性需求。

系统设计过程中，实施 PSSA 过程时并不一定能获得设备级的详细设计数据。因此对 PSSA 中失效状态的评估依赖于工程判断与相似设计的经验。这一过程需要在反复迭代后不断完善。

7.2.3　系统安全性分析

系统安全性分析(SSA)评估所有重要失效状态及对飞机的影响，其分析过程类似于 PSSA。PSSA 自上而下地分配系统安全性需求，而 SSA 则是自下而上地验证目标设计是否已满足 FHA 和 PSSA 中所定义的定性与定量安全性需求。最高层级的 SSA，即系统级 SSA，由 AFHA 和 SFHA 引出。

对每一个待分析的飞机系统，SSA 工作总结所有重要的失效状态及对飞机的影响，采取定量或定性方法验证符合性。图 7.4 所示为 SSA 评估过程示意图。

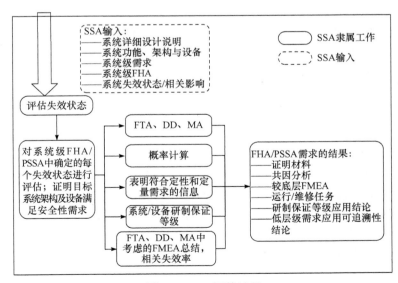

图 7.4　SSA 评估过程

FHA 中确定的每种失效状态在 SSA 中需要采取验证方法加以评估，具体包括以下内容：

(1) 通过故障树分析，表明设备的失效组合如何导致不期望的失效状态发生；

(2) 通过故障树分析，表明失效状态的定性和定量需求及目标如何被满足；

(3) 对于潜在失效，检查并确认维修文件中对应的维修检查间隔小于故障树分析中的计算值；

(4) 验证从 FTA 中推导出的研制保证等级满足要求；

(5) 通过试验等方法证明失效状态符合要求；

(6) 证明飞机在给定失效状态下能执行预期功能。

安全分析过程涉及许多复杂的阶段和活动，其最终目的是使潜在危害发生的可能性最小。在此过程中，故障分析和系统设计是同时进行的，这样才能确保系统发生灾难性后果的可能性在可接受范围内。因此，考虑到定性和定量的要求，引入安全性要求到顶层和子系统设计中。

7.3　基于模型的系统安全性分析方法

在使用基于传统安全性分析方法进行飞机系统分析时，由于设计对象高度的系统集成化以及深度的软硬件结合，传统的安全性分析方法出现了诸多弊端。

(1) 传统的安全性分析需要分析人员在全面了解系统的前提下才能开展安全性分析工作，而在实际分析中，安全性分析人员往往需要投入大量的时间收集系统架构信息与系统行为，然后根据对系统的理解构建安全性分析所需要的模型，如 FTA 等。这种分析的准确性严重依赖于分析人员的技术能力，且高度主观、易错，因此衍生出了大量的一致性验证工作。

(2) 一般而言，不同的研制阶段会进行不同程度的安全性分析，随着研制进度的推进，每一次系统的细化都要进行安全性分析的迭代，系统、部件设计的改变往往会导致整体安全性分析结论的变化，例如，系统失效模式与影响分析(FMEA)的变化，从而产生大量重复性工作。

基于模型的安全性分析(MBSA)是一种全新的安全性分析思路。MBSA 是在传统安全性分析的基础上引入了模型的理念，其核心在于通过计算机实现一部分重复性的安全性分析工作。在基于模型的研发过程中，很多研制过程活动，例如，仿真、验证、测试与代码生成等，都依赖于一个形式化的系统模型，模型可以用来做各种分析，例如，完整性与一致性分析、模型检查、定理证明等。

这种方法的主要优点是系统研发工程师和安全性工程师使用相同明确的系统模型，从而将系统和安全性工程紧密联系起来。使用相同模型确保了安全性分析结果与系统结构紧密相关，并且能够实时更新，从而支持安全性工作在系统设计的早期阶段开展。此外，它还能够分析不同系统结构与系统设计满足关键安全特性的能力，从而支持设计工作的展开。

7.3.1　基于模型的系统安全性分析架构

　　完整的安全性分析是一个安全要求定义、分解/分配、设计验证不断迭代的过程。安全设计人员在研制流程中随着产品更新与对设计的逐步理解加深，不断调整安全性要求，权衡分配指标，并重复验证分析工作。MBSA 过程在产品研制过程中作为传统评估工作的辅助与改进，在系统研制周期的各阶段基于现有安全分析结果进一步开展工作，MBSA 的架构如图 7.5 所示。

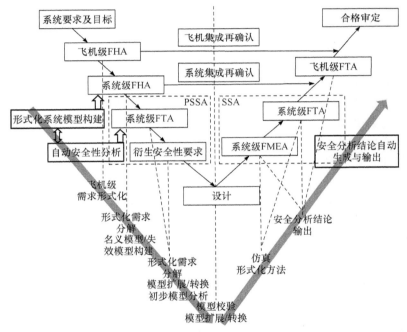

图 7.5　加入 MBSA 方案的安全性分析框架

　　MBSA 工作的核心——系统公共模型构建与验证是对传统人工分析的支持与补充。在飞机研制流程中，随着 AFHA 与 SFHA 工作的开展，飞机级、系统级的功能安全性要求基本确定，此时针对不同的公共系统建模方法，将功能安全性要求以形式化的命题形式表示，并随系统需求的分解进一步将需求细化，在系统详细软硬件设计之前将形式化安全性要求分解至系统同时替换的组件单元(simultaneous replaceable unit，SRU)级。

　　开展 PASA 工作时，以飞机功能为主要建模对象，构建以功能为对象的系统模型,定义功能失效状态,进而对功能模型进行初步的评估分析,验证飞机级功能的严酷度与研制要求是否满足。在 PSSA 阶段,再次构建系统模型,并由上而下细化系统行为,添加失效条件与失效行为过程。产品级系统分配阶段完成主要模型的扩展与模型转换工作,并在系统详细设计阶段前开展模型校验工作,确保产品模型符合预期产品设计。

在开展详细软硬件设计后,研制过程自下而上完成综合与验证工作。此时系统公共模型构建基本符合系统真实设计,则可以通过相应软件开展完整的仿真、形式化验证工作,并将分析结果转化为故障树、FMEA 等形式,通过安全工程师的进一步完善、补充,最终形成符合研制要求的安全分析结论。

MBSA 已在航空工业安全关键领域得到初步应用,其技术优势主要表现在以下两个方面:

(1) 实现了系统研制与安全性分析的有机融合。通过将系统设计与安全性分析模型的统一,使得安全性评估人员在系统研发的迭代过程中可以掌握系统数据及设计的架构变化,从而给出准确的设计决策,确保二者同步开展,并能及时将安全性分析结果反馈至系统设计。

(2) 自动化展开安全性分析,有效降低工作量,确保结果的客观与完整性。由于根据系统设计模型建立的安全性分析模型能够客观地反映系统原理、架构及参数等信息,根据设计模型建立的安全性分析模型能够自动生成安全性分析结果,从而降低工作量及人为差错发生的概率,保证了分析结果的有效性和客观性。

基于模型的研发过程主要聚焦于系统软件部分的建模。为了开展系统级别的安全性分析,我们必须考虑系统运行的环境,通常会包含机械部件。幸运的是基于模型的工具及技术也可用于物理部件的建模。通过将包含数字部件(软件与硬件)的模型与机械部件(泵,阀门等)模型加以组合,构建一个名义系统行为模型。该模型通过加入数字与机械部件的故障模型,可以构造扩展系统模型。扩展系统模型能够用于描述系统在面对一个或多个故障时的系统行为。

扩展的系统模型可以被用于多种仿真与分析过程。首先,它可以通过加入故障以后的仿真支持细致的事故场景分析。为了开展更严格的分析,可以使用静态分析工具,例如模型检查器或者定理证明器,自动证明(反证)系统是否满足特定的安全性需求。这些工具可以进一步扩展生成传统的安全性分析产品(如故障树)。

为了支持基于模型的安全性评估,传统的 V 型结构需要进行相应的修改,以确保安全性分析工作能够围绕统一的系统模型展开。这些模型既可用于系统设计也能用于安全性分析,模型也是系统研制过程中的核心产物。比较典型的 MBSA 实施过程包含了形式化定义、名义系统建模、失效建模、模型扩展及安全性分析等,如图 7.6 所示。

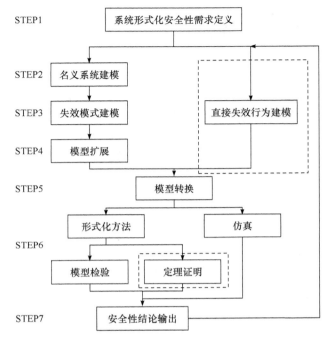

图 7.6　基于模型的安全性分析实施过程

1. 形式化安全性需求定义

安全性需求即是需要验证的系统安全性属性，例如航空发动机不能发生不可恢复的空中停车、转子叶片不能断裂等。定义安全性需求是所有安全性分析工作的第一步。衍生的安全性需求的确定与传统的 V 型方法是一样的，为了支持系统 MBSA 的自动分析评估，目前采用将安全特性转化为特定形式化符号的形式。常用的形式化描述语言包括线性时态逻辑(linear temporal logic，LTL)、计算树时态逻辑(computing tree logic，CTL)以及更多的高阶谓词逻辑语言。除此以外，还可以在建模语言内部嵌入安全性需求来实现对系统需求的定义。

2. 名义系统建模

名义系统建模是基于模型的研发过程与安全性分析过程结合的第一步，通过构建被研制系统的形式化模型，描述系统在正常功能状态下的行为过程。系统研发工程师和安全性工程师使用相同且明确的系统模型，从而将系统和安全性工程紧密联系起来。目前可采用的形式化配置语言种类繁多，支持图形描述及文本表示等多种形式，例如 Matlab 综合仿真环境 Simulink/Stateflow，安全关键系统综合验证平台 SCADE 及相应支持语言——时序文本语言 Lustre，基于 AltaRica 的分析验证平台 Cecilia OCAS、Simfia。

3. 失效模式建模

失效模式建模是形式化建模的另一重要组成，主要描述目标系统各个层级部件的失效模式，构建不同部件失效模式的影响关系，从而确定故障暴露下的系统真实状态。

系统级别的故障可能由于部件的失效、错误的输出、损坏的信息以及软件的函数异常等导致。失效模式模型包含的信息主要包括各种系统部件(包括数字控制器与机械系统)的失效模式。它定义了部件的通用失效行为，例如逻辑部件输出不确定、翻转、锁死等。失效模型同时也能描述更复杂的故障行为，例如故障传播、条件故障(从属故障)等。构建失效模式模型时还应区分故障层级，从而令设计分析人员能够确定一个部件的失效模式是子部件的功能或是下层故障行为的抽象。当前的 MBSA 技术中利用 Simulink/Stateflow 或 SCADE 来描述故障行为的研究较多。

4. 模型扩展

将故障模型加入到名义系统模型中，描述系统在各种故障条件下的行为，得到的模型称作扩展系统模型。目前有两种方式将故障信息加入到系统模型中：第一种方式是构建一个独立于系统模型的故障模型，自动将两种模型合并用于分析，但这种建模方式在描述连续系统时存在一定的局限性，并且对系统信息的需求较大；第二种建模思路如图 7.6 中上部分虚线框所示，是直接构建失效情况下的行为，例如失效传播与转化符号(FPTN)、HiP-HOPS 等失效逻辑建模方法。在名义系统模型中加入了故障信息后，即得到了待验证的扩展模型。

1) 名义系统+失效模型

当名义系统模型与失效模式定义完成后，为了得到系统在故障条件下的行为过程，需要将失效模型加入名义系统模型中，从而得到扩展系统模型。扩展系统模型并不是名义系统模型与扩展系统模型的简单加和，在模型结合过程中，需要考虑部件失效模式在正常系统内的实际表现形式，失效影响与部件接口的连接关系以及时序、组合失效等问题。

2) 直接失效行为建模：失效逻辑

失效逻辑建模方法遵循三个基本假设：

(1) 系统危险的直接原因可以描述为系统行为相对于整体意图的偏差；

(2) 系统无法满足其设计意图可以归因于(描述为)单个或多个独立部件的实际行为与各自设计意图之间的偏差；

(3) 部件行为的偏差是部件内部故障与其他部件的行为偏差对该部件造成影响的综合。

失效逻辑的主要描述对象是包含多种不同部件的复杂部件系统。失效逻辑模型的行为描述能够表明部件的输出失效模式是怎样与输入失效模式及内在失效联系在一起的。对于一个复杂的部件系统，存在两类考虑要素，分别为单个部件本身以及部件之间的失效模式流。

对于单个部件本身而言，需要考虑的失效模式分为两类，即部件的输入失效模式与输出失效模式。一个部件的工作行为主要表现为对输入失效模式敏感，同时受到部件内部失效状况的影响，进而表现出其特有的输出失效模式。输入与输出失效模式都可以统称为失效模式，失效模式按照抽象的类别分为不同的失效模式类，失效模式类是失效模式的一般化，也是一种广义上的交互偏差。

基于失效逻辑建模的方法建模目标明确，更加适合系统早期基于功能的安全性评估过程。

5. 模型转换

MBSA 流程中，围绕公共模型做的主要工作是利用各种方法对公共模型开展分析，从而得到相应的安全性结论，实现自动或半自动的安全性分析。在构建公共系统模型时所采用的各类建模语言，例如 Lustre、Simulink/Stateflow、AADL、AltaRica，语言本身并不带有分析评估方法或工具，而需要转化为各类形式化方法所要求的建模语言，例如，模型检查语言 SMV、HyDI 以及各类自动机语言。不同模型之间转换的难易程度以及转换力度是公共模型是否能够得到充分利用的前提。

图 7.7 所示为目前 MBSA 领域相关语言及工具的模型转换关系。

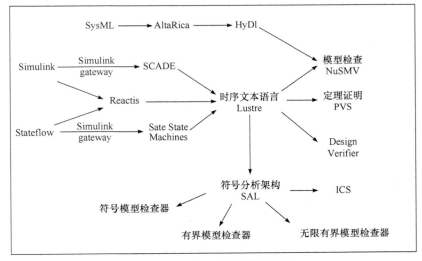

图 7.7　相关语言/模型转换关系

在安全关键软件领域基于 SCADE 套件内置 Lustre 语言的模型转换方法得到了广泛的研究，形成了由 Simulink/Stateflow 到 SCADE 到模型检查工具的完整流程，但是 Lustre 语言在构建实体系统过程中存在着难以定义复杂失效模式、失效传播链路不清晰等问题。以 AltaRica 数据流语言为代表的系统建模语言得到了更多的青睐，其模型转换规则与模型分析策略也得到了一定的研究。

6. 模型评估验证

在构建完成扩展系统模型后，安全性分析的工作主要是验证系统的安全性需求在出现故障模型中所定义的故障模式时能否保持。除此以外，通过开展一些探索性分析，将故障加入特定部件开展仿真，安全分析人员能够在设计早期观察系统的预期行为。

1) 仿真

得到包含故障模型的系统扩展模型后，安全工程师通过模型对应工具开展早期失效场景仿真，以图形化方式控制模型内失效状态的激活，从而展现不同故障对系统功能的影响，帮助安全工程师在开展许多更严格的系统分析前快速检测系统安全性。

另一方面，通过系统静态分析(例如模型检查与定理证明)所得到的系统失效场景，可以进一步开展约束系统条件的仿真，得到反例过程中的系统行为细节，从而帮助系统设计人员详细了解系统存在的缺陷。

采用仿真方法进行安全性分析的优势是原理简单、易于实现，但仿真往往只能证明系统在预期条件下做了预期的事，并不能证明系统是否会做预期以外的事，因此仿真存在非完备性的缺点。目前 MBSA 研究领域采用仿真方法开展安全性分析的研究不多，在工程中更倾向于采用形式化方法(formal method)验证安全性需求是否被满足。

2) 形式化方法

形式化方法最初是用在软件工程领域，主要目的是通过精确的数学语言来描述系统的结构和运行过程，它是设计与编写程序的出发点，也是验证程序是否正确的最重要依据。

在模型建立完成之后，形式化方法可以被分为两类：一是模型检查，二是定理证明。在这两类方法中，模型检查方法相对成熟，它是将原始设计表述成特定的模型，将要验证的性质用时态逻辑语言描述，通过遍历模型状态空间检验需求是否满足。模型检查的优点是分析过程全自动且无须人机交互，当判断性质不能满足时可以给出反例以定位设计错误。

目前存在许多成熟的模型检查工具，例如贝尔实验室的软件与协议验证工具 SPIN、卡内基梅隆大学的符号模型验证工具 SMV 及其升级版本 NuSMV。由于模型检查有着检测效率高且能够判断预期之外的故障是否发生的优势，因此基于模型检查的 MBSA 是目前进行模型安全性分析的主流。

7. 安全性结论输出

由模型评估验证方法得到的一般是方法所能产生的固定结论,例如,仿真过程得到的随机状态链路、模型检查得到的规范对应反例,以及定理证明方法得到的假设真伪。作为工程过程的安全性评估,仍然需要输出满足工程标准的安全性分析结论,例如 FMEA、FTA 分析表格等。在特定工具支持情况下,安全分析人员能够将仿真与形式化验证的结果以熟悉的安全性结论的形式表示出来。

7.3.2　故障扩展机制研究

基于有效的故障注入机制,将失效模式信息注入到名义系统模型中,构建形式化的故障扩展模型,如图 7.8 所示。

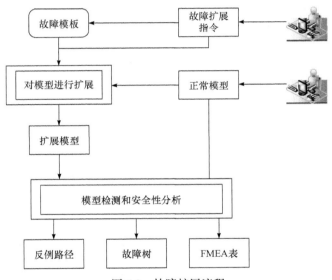

图 7.8　故障扩展流程

系统设计人员给出的系统需求/设计的名义系统模型,通常它只包括正常系统的功能行为(即没有考虑故障的情况)。这个模型可以被系统设计人员继续使用(例如验证功能/需求),然后交给安全分析人员进行安全评估。从复杂系统的建模与分析的角度来看,本方法强调了正常系统模型和故障模型之间应该是要有一个完整的解耦(即不能一次性地建立既包含系统正常行为又包含故障行为的模型,否则考虑因素太多,建模过程太复杂)。因此,本方法是基于故障注入的概念来从正常模型构造扩展形式的系统故障模型。

通过故障扩展指令(即故障注入机制)来对一个正常的系统模型(名义系统模型)进行扩展,且扩展过程中还需要考虑特定故障的模式库。这个故障注入步骤不需要手工，可以使用自动化的工具实现，从而产生一个新的形式化模型。故障注入后产生的这个模型通常被称为故障扩展模型，扩展过程称为模型扩展。通常，被注入的失效模式可以从包含一组预定义的失效模式库中找到，也可以根据系统的故障特征进行人工定义。有了扩展的模型就可以基于符号模型检验技术及工具来对其进行系统安全分析，生成各种用于安全分析与评估的输出。

7.3.2.1　故障注入机制

故障注入机制即根据设计好的系统故障行为，在正常功能模型中添加相应的故障控制变量，该变量仅为相应故障模式在正常功能模型中的声明，亦为将故障模式扩展到正常功能模型的接口。通常一个正常功能模型包含多个功能模块，故障注入需要应用于每一个模块。对于同一模块，需要设置不同的故障模式控制变量；对于不同模块，可以有相同的故障模式控制变量，以表示不同模块间的同一种系统故障行为。

故障注入机制是模型扩展中的第一步，图 7.9 中给出了其基本的思路。图的左边是某个系统中的一个名为 "A" 的一个功能模块。这个模块有两个输入 In1 和 In2 和一个输出 Out。现在准备通过注入两个故障 FM1 和 FM2 来扩展模块 A。

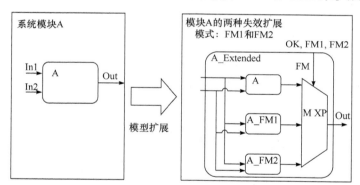

图 7.9　模型扩展

图 7.9 的右侧表示的就是扩展之后的模块(A_Extended)。A_Extended 功能模块中包含了原来的功能模块 "A" 和两个额外的模块 FM1 和 FM2；这两个新加的模块分别表示影响功能模块 A 的两个故障 FM1、FM2。例如，如果 FM1 的故障模式是 "卡死在输出为 0 值"，则模块 A_FM1 的输出将会产生一个与其输入无关的 0 值。需要注意：此时模块 A 和新的模块 A_FM1 和 A_FM2 的输入值仍然都是与原来的模块 A 的输入相同。扩展模型的最后输出是由一个多路选择器(MXP)来产生的。MXP 以三个模块 A、A_FM1 和 A_FM2 的输出作为输入。MXP 的输出则由一个故障模式变量(FM)来控制。该变量的作用是确认当前的模块故障状

态，状态可以是{OK,FM1,FM2}集合中的某一个值。例如，FM 的值为 OK 时，则表示该功能模块不会发生错误，并且模块 A 的输出即是最终输出；但是当 FM 的值为 FM1 时，那么表示故障 FM1 发生，则以模块 A_FM1 的输出作为最终输出；FM2 也是类似的情况。

总的来说，如果一个模型包含很多个功能模块，故障注入就需要应用于每一个模块，并且对于每个模块，都需要设置不同的故障模式控制变量。

7.3.2.2 模型扩展机制

上述故障注入机制发生在正常功能模型建模阶段，故障模式的设定以及故障模型扩展则发生在故障分析阶段。

故障模式是系统故障行为的建模，其规约信息被包含在相应的故障控制变量中，而其具体定义则体现在基于故障扩展指令语言的 FEI 文件中。故障扩展指令语言用于系统故障行为建模，该文件中包含故障的名称、故障作用的系统状态变量以及故障发生后其作用变量的状态。故障模式的具体定义依赖于故障模式模板，由故障分析工具中的故障库提供。例如，基于模型的安全性分析平台 xSAP 会为使用者提供一个故障模式的预定义库，即通用故障模式库，其模板包括：反转故障、卡死故障、输出值随机故障等。在故障模式的设定过程中，可直接使用故障模式库中已定义好的故障模板，也可自定义故障模板。故障可以被声明为永久性的或偶发性的，当故障被声明为偶发性时，表明该故障只是暂时出现或者会随着系统的维修而消失。

具体的故障模式的规约信息是包含在那些模块内部的(如图 7.9 中的模块"A_FM1"和"A_FM2")，以及故障模式变量的规约中(图 7.9 中的 FM)。

模型扩展即为将包含有故障控制变量的系统正常模型与已定义的故障模式结合，形成故障扩展模型，以实现系统的安全性评估与分析。模型扩展能够将故障行为和系统正常行为模型相结合，并定义故障行为发生的行为效果。通常这一过程通过故障分析工具的自动化技术实现。

7.3.2.3 功能模型故障扩展形式

上文对故障扩展机制进行了简单介绍，从理论上理解了故障注入机制和模型扩展机制。本节从形式上讲述如何对功能模型进行故障扩展。

1. 基于 NuSMV 的故障扩展

故障扩展所使用的语言建立在以下概念的基础上：

故障扩展(FE)：一个 FE 由一个正常组件(nominal component，NC)和与其相关的故障片段(fault slice，FS)组成。形式化表示如下：

$$FE := \{< NC, \{FS\} >\} \tag{7.1}$$

{}表示是可选的，<>表示是必选的。所以上式表示故障扩展阶段是可选的，也就是直接对功能模型(没有进行故障扩展的模型)进行分析。

FS 表示一个故障片段，其由以下几个部分组成：

(1) AS(affected symbol)是一个被故障影响的 NC 的非重叠子集；

(2) EM(effects model)是一个行为效果模型；

(3) LDM(local dynamics model)是一个局部动因模型；

(4) GDM(global dynamics model)是一个全局动因模型。

从形式上看：

$$FS := < AS, \{< EM,LDM>\},GDM > \tag{7.2}$$

一个故障片段表示某一故障模式(FM)作用于一个正常组件内部某个子系统或者子部件(AS)上。

FM 由两部分组成：

(1) 行为效果模型(EM)；

(2) 局部动因模型(LDM)。

行为效果模型约束一组变量，目的是确定某一故障作用于某个子系统或者子部件上所产生的效果。每一个 EM 决定了故障模式的引入(entering)和持续(during)所造成的效果。如图 7.10 所示，EM 的状态有正常状态(nominal)和故障状态(fault)，entering 表示进入故障状态时 AS 上所产生的效果，during 表示故障持续时 AS 上所产生的效果。

图 7.10　EM 的状态及转换

一个 EM 可以通过写入对应的输出变量(OV)将它的影响作用于 AS 上。EM 可以通过相应的输入值来读取 AS 的值。

局部动因模型描述的是 FM 如何在正常模式和故障模式两者之间进行转换。我们能够定义一个或多个故障事件以及两种模式之间的转换。类似于 EM 中，状态有正常状态和故障状态。

全局动因模型定义了每一个故障片段中部分故障模式的组成的动因。

两个或多个实例化的故障模式可以组合定义更复杂的行为。选择一组实例化的故障模式，定义他们之间的转换，并且可以添加新的事件作为转换中的触发器。

在一个故障片段的全局动因模型中，所有实例化的故障模式的正常模式以一个独立的正常模式收集起来，用以组成一个菊花型自动机，其叶子为故障模式。如图 7.11 所示。

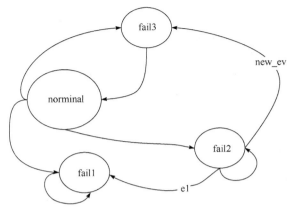

图 7.11　三个故障模式组成的全局动因模型

　　图 7.11 由三个故障模式组成，每一个故障模式都有自己的局部动因模型，除此之外该图还定义了故障模式 fail2 与故障模式 fail1 之间的转换以及故障模式 fail2 与故障模式 fail3 之间的转换。这些转换可以被标记为：目标 FM 中存在的事件(e1)或者在该阶段新创建的事件(new_ev)。在上述例子中，e1 是一个发生在故障模式 fail1 中的事件，new_ev 是一个新创建的事件。

　　明确了以上概念后，下面来介绍故障扩展指令语言 FEI。FEI 语言中定义了以上全部概念，并规定了关键字的命名形式以及符号的用法。图 7.12 为故障扩展指令语言的语法片段。从图 7.12 中可以看出，FEI 语法采用的是递归定义的方法，定义了故障片段、故障模式、局部动因模型以及全局动因模型等。

```
1    <mod-extension>::=
2         EXTENSION OF MODULE<full-id>
3         (<instances>)?
4         <slice>+
5
6    <slice>::=
7         SLICE<slice-id>(<instances>)?AFFCTS<var-list>WITH
8             <fault-mode>+
9             <global-dynamics>?
10
11   <instances>::=
12        FOR INSTANCES<wildcard-full-id-list>
13
14   <fault-mode>::=
15        MODE<mode-id>(probability-value-mode)?<colon>
16            <local-dynamics-model-id><effcet><semi-colon>
17
18   <global-dynamics>::=
19        GLOBAL DYNAMICS
20        <new-event>
21        <trans>+
22
23   <new-event>::=
24            <event-par><semi-colon>
25
26   <slice-id>::=<id>
27   <mode-id>::=<id>
```

图 7.12　FEI 语法片段

　　该扩展语言依赖于一个故障模型库，在库中预先定义了一些常见的故障事件，如反转故障(inverted)(对于布尔变量来说)、stuck_at(value)(在某个值卡死)、cstuck_at(在某个变量卡死)、随机(random)(不确定的输出)等。

　　如图 7.13 所示的是反转故障模式的影响关系图，从正常模型到达故障模型，反转故障模式应用在变量为布尔类型的值，图中可以看出其 entering 事件为 next(varout)=!varout，表示故障情况下得到的输出结果与应该产生的正常结果值不同(因为是布尔类型，所以反转)。其 during 事件为 next(varout)=varout，表示发生故障后若无外力作用，得到的输出结果依然与前一步的结果值相同，即依然保持着故障时候的值。

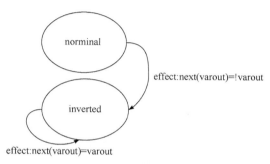

图 7.13　反转故障模式

　　图 7.14 是一个 FEI 文件的具体例子，该例子是三重冗余发电机实例上对发电机模块进行故障扩展时的 FEI 文件,这里考虑的发电机的故障模式是卡死在 off 值上，Gen_Stuckoff 是故障片段的名称，其作用的变量为 state，该变量已经在正常的 NuSMV 模型中定义。通过影响 state 的值来实现故障注入。该故障的局部动因是永久的(permanent)。

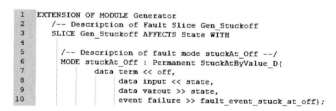

图 7.14　一个 FEI 文件的具体例子

　　该故障扩展文件最后将失效传递给 fault_event_stuck_at_off 事件，该事件也已经在正常的 NuSMV 模型中定义，成为模型之间故障扩展的桥梁。

　　2. 基于 AADL 的故障扩展

　　AADL 中，软、硬件体系结构通过组件和连接的概念进行描述，系统功能与非功能属性通过特征和属性进行描述，并支持以用户定义属性和附件的方式扩展。AADL 可通过文本、XML 和图形化等三种方式进行建模(图 7.15)。

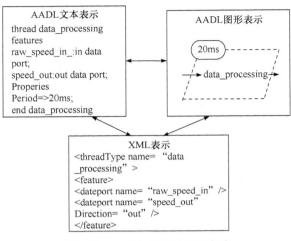

图 7.15　AADL 的三种表示方式

　　系统建模阶段，通过 AADL 描述安全性、可靠性、时间性等嵌入式系统非功能属性，使系统研发人员能够对组件和系统进行可靠性、可调度性以及可测试性分析与验证等。根据分析与验证的结果，系统研发人员可以对系统体系结构进行改进，可以一定程度上保证系统的质量属性。

　　基于 AADL 故障扩展模型如图 7.16 所示，通过 AADL 错误模型可描述组件的各种可靠性信息，例如故障行为、故障传播，再将其声明在 AADL 结构模型中，将其和嵌入式软件中的各种组件结合起来，即绑定错误模型与相应的组件，至此才完成嵌入式软件可靠性模型的建立。通过此建模框架，可实现分离故障行为建模和软件结构建模，对可靠性模型的重用性有很大提高。通过错误模型和结构模型的绑定，将故障行为模型与结构模型有机地整合起来，更容易对系统的安全性行为进行研究。

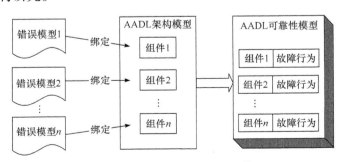

图 7.16　基于 AADL 故障扩展模型

    AADL 故障扩展模型由 AADL 架构模型和错误模型两部分组成，错误模型描述了组件的故障行为，架构模型描述了系统的组织结构。由于错误模型只能静态地描述系统故障行为，不能对系统的故障进行动态的描述及模拟，需要将其转换为其他安全性模型，对系统的安全性进行分析。

    IMA 平台的组成元素及各个组成元素之间互连关系。使用 AADL 语言构建 IMA 平台的体系结构模型，研究每个组成元素与 AADL 元素之间映射关系。图 7.17、图 7.18 描述了硬件和软件错误状态相互转移规律，图 7.19、图 7.20 是相应的硬件和软件的 AADL 模型。

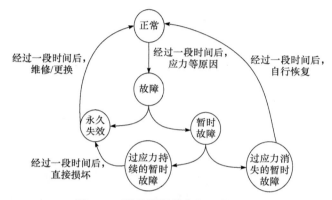

图 7.17   硬件错误状态相互转移规律

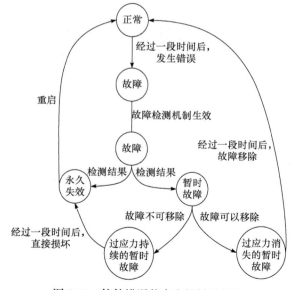

图 7.18   软件错误状态之间转移规律

```
error model forhardware//错误模型类型
feature//错误模型特性
errorfree:initial error state;//初始状态
failed error state;//故障状态
permanant_failed:error state;//故障状态
temporary_failed:error state;//故障状态
continual_temporary_failed:error state;//故障状态
dissappeard_temporary_failed:error state;//故障状态
overstress:error event;//故障事件
direct_damage:error event;//故障事件
performance_degradation:error event;//故障事件
continual_overstress:error event;//故障事件
disappeard_overstress:error event;//故障事件
time_direct_damage:error event;//故障事件
repair:error event;//故障事件
end forhardware;//错误模型结束
error model implementation forhardware.general//错误模型
transitions//状态转移说明
errorfree-[overstress]→failed;
failed-[direct_damage]→permanant_failed;
failed-[performance_degradation]→temporary_failed;
permanant_failed-[repaire]→errorfree;
temporary_failed-[continual_overstess]→continual_temporary_failed;
temporary_failed-
[dissappeared_overstess]→dissappeared_temporary_failed;
continual_temporary_failed-[time_direct_damage]→permanant_failed;
dissappeard_temporary_failed-[recovery]→errorfree;
properties//随机事件属性说明
occurrence→poisson os applies to oversress;
occurrence→fixed dd applies to direct_damage;
occurrence→fixed 1-dd applies to performance_degradation;
occurrence→fixed co applies to continual_overtess;
occurrence→fixed 1-co applies to dissappeard_oversress;
occurrence→poisson tdd applies to time_direct_damage;
occurrence→poisson lambda applies to repaire;
occurrence→poisson miui applies to recovery;
end forhardware.general;//错误类型实现结束
```

图 7.19　硬件错误状态转移的 AADL 模型

```
error model forsoftware//错误模型类型
feature//错误模型特性
errorfree:initial error state;//初始状态
failed error state;//故障状态
permanant_failed:error state;//故障状态
temporary_failed:error state;//故障状态
unremovable_temporary_failed:error state;//故障状态
removable_temporary_failed:error state;//故障状态
fail:error event;//故障事件
direct_damage:error event;//故障事件
performance_degradation:error event;//故障事件
unremovable:error event;//故障事件
removable;error event;//故障事件
time_damage:error event;//故障事件
```

```
restart:error event;//故障事件
recovery:error event;//故障事件
end forsoftware;//错误模型结束
error model implementation forhardware.general//错误模型
transitions//状态转移说明
errorfree-[fail]→failed;
failed-[detection]→detection_end;
detection_end-[direct_damage]→permanant_failed;
detection_end-[performance_degradation]→temporary_failed;
permanant_failed-[restart]→errorfree;
temporary_failed-
[unremovable]→unremovable_temporary_failed;
temporary_failed-[removable]→removable_temporary_failed;
unremovable_temporary_failed-
[time_direct_damage]→permanant_failed;
removable_temporary_failed-[recovery]→errorfree;
properties//随机事件属性说明
occurrence→poisson gamma applies to fail;
occurrence→poisson beta applies to detection
occurrence→fixed dd applies to direct_damage;
occurrence→fixed 1-dd applies to performance_degradation;
occurrence→fixed phi applies to unremovable;
occurrence→fixed 1-phi applies to removable;
occurrence→poisson mu applies to restart;
occurrence→poisson td applies to time damage;
occurrence→poisson theta applies to recovery;
end forsoftware.general;//错误类型实现结束
```

图 7.20　软件错误状态转移的 AADL 模型

7.3.3　模型验证方法

MBSA 过程基于有效的故障注入机制,将失效模式信息注入名义系统模型中,构建形式化的故障扩展模型,但是 MBSA 过程所用到的系统模型(AltaRica 模型、AADL、SCADE 模型等)并不能支持直接的分析与验证。在模型自动分析领域通常采用形式化方法处理模型。

形式化方法(formal method),即采用基于数理逻辑的形式描述计算机系统的架构和推理过程。从更普遍的角度来看,形式化方法基于离散数学,适用于其行为是离散状态变化的系统。在系统工程领域中对于系统建模而言,采用基于数学语义的形式化建模语言可以使得所建立的系统模型具有严格的语法和语义定义,并且采用形式化分析的技术可以对系统模型进行分析和判定,进而支持和指导系统的开发过程。形式化方法的应用实践始于 20 世纪 70 年代,在安全保密领域有着极为重要的作用。如今,形式化方法已被广泛应用于航空、计算机系统设计等工业领域,极大地保障了安全关键系统的可靠性、安全性。

在系统开发生命周期的不同层级上，形式化方法基本都可以使用，但是相应的成本和效益会有所不同。形式化方法在系统中的应用程度可分为四层。

0 级：未使用形式化方法。在该层级中，工业系统的规约并未使用形式化规约符号(如流程图等)表达，仅由自然语言描述。系统的验证仅基于人工的审查。

1 级：使用了离散数学中的概念和符号。在该层级中，系统规约的描述使用了数理逻辑中的概念和符号，具有精确性，简单易懂，表述清晰。但是系统属性的验证并不严谨，通常由人工完成。

2 级：使用形式化语言和自动化工具。相较于 1 级，该层级中的形式化语言具有工具的支持，有严谨的语法语义定义，可以使用工具对形式化语言描述的规约进行语法的检测。虽然属性的证明部分仍由人工完成，但是在需求规约部分已经运用了自动化技术。

3 级：开发环境完全形式化。需求规约由完全形式化的语言编写，系统验证过程中能够使用自动生成验证的工具进行安全性验证，包括自动化定理证明或模型检验。完全机械自动化的系统验证可以消除人为错误导致错误推理的可能性，增强了对复杂系统进行故障检测的能力。

目前最流行的形式化方法包括模型检查与定理证明两种。定理证明通常运用定理来严格地推理论证一个对象所声明的性质。模型检查方法相比于定理证明是完全自动化的，不需要人工干预，且计算复杂性相对较低，当规范有误时还能够通过生成反例来告知用户规范不成立的原因，在工具研发上也得到了更为广泛的研究。利用模型检查技术对系统公共模型开展形式化验证是目前公共模型评估的主要方法。

模型检查技术可以验证在有故障存在的情况下系统行为是否满足某些特定的性质要求。这种方式与经典的模型检查方式没有区别，具体而言，就是将系统的性质描述为某种时序逻辑公式，然后再进行状态空间的搜索分析。如果发现无法满足系统性质，则模型检验工具就可以给出系统行为的反例来进行深入的进一步分析。

本节介绍了模型检查的基本原理与常用模型检查工具。

7.3.3.1　模型检查原理

模型检查技术是计算机领域近二十年来的研究热点，在理论及计算机实现方面都取得了较大的进展。模型检查是一种自动的、基于模型的性质验证处理方法。最早应用于软件模型的属性验证。模型检查能够发现用传统测试方法难以发现的并发型错误，并通过严格的数学推导确保软件模型的正确性。模型检查技术可以看作由三个部分组成：

(1) 用于系统建模的框架，典型的是某一类描述语言；

(2) 用于描述待验证；

(3) 用于确定系统描述是否满足规范的验证方法。

模型检查可以分为三个步骤，如图 7.21 所示。

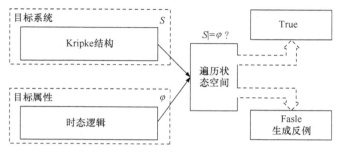

图 7.21　模型检查的基本过程

目标系统建模。模型检查所构建的系统模型往往并非目标系统实际所采用的建模形式，因此需要将目标系统转换为特定模型检查工具所接受的输入形式。构建系统模型时需要针对待验证的属性对系统进行必要的抽象与简化。建模时抽象程度过高可能会使验证过程漏掉一些真的错误，而抽象程度过低不仅会增加验证模型的复杂性，而且会导致模型与真实系统差别增大甚至造成错误的验证结果，因此对模型抽象的过程在整个模型检查过程中需要占用大量的时间。

系统规范定义。模型检查中对系统属性的定义过程也被称为系统规范定义或规约，系统规范通常以命题逻辑的形式表示。一条时态逻辑描述系统某一行为随时间的变化情况，系统规范的完备性决定了模型检查分析结果的完备性，为了保证规范的完备性，仍然需要采用传统安全性需求的定义方法来系统地得到安全性要求。

验证。在得到系统模型与时态逻辑后，模型检测工具会遍历目标系统模型的状态空间来确定输入的时态逻辑是否为真，为真表示模型满足规范；为假则表示模型不满足规范，此时会给出一个反例来说明规范为假的原因。

由于模型检查是一种自动化验证技术，理想的情况下这个过程应该是完全自动的。然而实际应用中通常需要人的辅助，比如在分析结果的时候。当模型检查给出错误结果的时候，通常会给出一个能够证明这个错误结果的反例，设计者就可以根据这个反例对系统进行修改然后进一步验证。另外，模型的规模也是模型检查过程中主要的一个限制因素，对于巨大规模的系统，模型检查工具可能无法正常完成检查过程，此时就需要调节模型检查系统的一些参数或修改模型的大小，然后重新检查。

1. 系统模型——Kripke 结构

构建模型检查中所采用的有限状态机模型，通常定义一个 Kripke 结构。Kripke 结构是一种严格的数学结构，是状态转移图的一种变形，能够很好地描述系统的状态转移及时序逻辑关系。典型 Kripke 结构的定义为一个五元组：

$$M =< S, S_0, R, L, AP >$$

$$(7.3)$$

式中，S 为有限状态集合；$S_0 \subseteq S$ 为初始状态集合；$R \subseteq S \times S$ 为状态转移关系，对每一个状态 $s \in S$，至少存在一个状态 $s' \in S$ 满足 $R(s \times s')$；$L: S \to 2^{AP}$ 是一个标记函数，用于标记每个状态中成立的所有原子命题的集合，AP 是所有原子命题与其否命题的集合，该集合是 AP 的一个子集。

对一个 Kripke 结构 M 中由状态 s 开始的无限长状态序列 $n = s_0 s_1 s_2 \cdots$ 称为一条路径，$s_0 = s$，对于所有 $i \geqslant 0$，都有 $R(s_i, s_{i+1})$ 成立。系统动态运行中的属性通常描述为一系列原子命题的动态满足过程。

图 7.22 为一个简单 Kripke 结构示例，圆圈表示状态，箭头表示状态转移关系，没有始端关联状态的箭头即初始状态，标记函数通过在状态内标注原子命题表示，当系统处于某一状态时，状态内部原子命题成立。

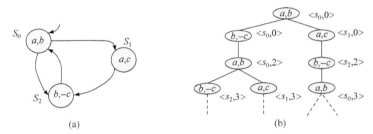

图 7.22　简单 Kripke 结构示例

对于该 Kripke 结构 $S = \{s_0, s_1, s_2\}$，$S_0 = \{s_0\}$，$AP = \{a, b, c, -a, -b, -c\}$，$L(s_0) = \{a, b\}$，$L(s_1) = \{a, c\}$，$L(s_2) = \{b, -c\}$，$R = \{<s_0, s_1>, <s_1, s_2>, <s_2, s_0>, <s_0, s_2>\}$，将系统状态关系展开得到如图 7.22(b)所示结构。

可以发现，Kripke 结构的状态关系展开类似树形结构，除了根节点外，每个节点只有一个前端，可以访问任意个节点，构成一棵无限深度的树。

2. 时态逻辑

时态逻辑区别于命题逻辑与谓词逻辑的地方在于时态逻辑的模式是由多个状态组成的，一条时态逻辑公式在特定模型内不恒为真或恒为假，随着系统的状态变化，时态逻辑可能会得到不同真值。这种特性恰好描述形式化状态转移系统状态序列的相关特性。时态逻辑按照对系统时间的假设分为两类：线性时态逻辑与计算树逻辑。不同类型的时态逻辑在描述能力与描述方式上存在着差异，开展模型检查时需要根据描述的属性选择合适的时态逻辑。

1) 线性时态逻辑

线性时态逻辑(linear temporal logic, LTL)带有指示未来的连接词，将系统时间定义为无限长的时态序列，任意当前时刻存在唯一可能的未来时刻，这些状态序列被称为计算路径。因为现实模型的状态存在未来时刻的不确定性，因此通过一组路径来表示各种不同的未来时刻。线性时态逻辑由时态算子和路径公式两部分组成，路径公式中的状态子公式只允许是每个状态的原子命题。LTL 常用的时态算子如表 7.1 所示。

表 7.1 LTL 常用的时态算子

时态算子	全称	含义
G	Global	未来所有状态
F	Final	未来某个状态
X	Next	下一个状态
U	Until	直到……都
R	Release	直到……才
W	Weak	弱……直到

LTL 的基本语法如下：

$$\phi ::= \text{true} \,|\, \text{false} \,|\, p \,|\, (-\phi) \,|\, (\phi \wedge \phi) \,|\, (\phi \vee \phi) \,|\, (\phi \rightarrow \phi) \,|\, (X\phi) \,|$$
$$|\, (F\phi) \,\|\, (G\phi) \,\|\, (\phi U\phi) \,\|\, (\phi R\phi) \,\|\, (\phi W\phi) \,| \tag{7.4}$$

式中，p 为取自某一原子集 Atoms 的任意原子命题；false 和 true 是 LTL 公式；而如果 ϕ 是 LTL 公式，则 $-\phi$ 也是 LTL 公式；等等。

设 AP 为原子命题集合，LTL 中的路径公式为：

(1) 如果 $p \in AP$，那么 p 为一条路径公式；

(2) 如果 f 和 g 都是路径公式，那么 $-f, f \vee g, f \wedge g, Xf, Ff, Gf, fUg, fRg$ 也是路径公式。

图 7.23 表述了 Gf、Ff、fUg 三种典型 LTL 算子的语义。Gf 表示从当前时刻起未来状态均满足原子命题 f，Ff 表示从当前时刻起未来某个状态满足原子命题 f，fUg 表示从当前状态起所有状态均满足原子命题 f，直到某个状态满足原子命题 g。

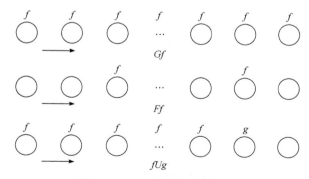

图 7.23 LTL 常用的时态算子

2) 计算树时态逻辑

线性时态逻辑在描述一条路径的时序关系时具有很强的描述能力，但是无法说明多条状态转移路径的相互关系。而计算树逻辑(computing tree logic，CTL)能够通过路径量词的使用描述多条路径的存在关系。所谓的计算树是将指定的 Kripke 结构的初始状态作为根，将 Kripke 结构展开所形成的一个具有无限结构的树，它由路径量词和时态运算符组成。路径量词包括 E 和 A，时态运算符包括 G、F、X 和 U。

CTL 的基本语法如下：

$$\phi ::= \mathrm{true} \mid \mathrm{false} \mid p \mid (-\phi) \mid (\phi \wedge \phi) \mid (\phi \vee \phi) \mid (\phi \rightarrow \phi) \mid AX\phi \parallel EX\phi \mid$$
$$AF\phi \mid EF\phi \parallel AG\phi \parallel EG\phi \parallel A[\phi U\varphi] \mid E[\phi U\varphi] \tag{7.5}$$

式中，p 取遍原子公式的集合。

每个 CTL 时态连接词都是一对符号，其中第一个符号是 A 或 E，A 代表"沿着所有路径"(无一例外)，E 代表"沿着至少(存在)一条路径"(可能)。第二个符号是 G、F、X、U，分别表示"所有未来状态"、"下一个状态"、"某个未来状态"、"直到"，具体如下：

● $G\phi$ 表示 ϕ 在所有未来状态下均为真，即如果某个路径的每个状态 ϕ 都为真，则该路径为真。

● $F\phi$ 表示 ϕ 在下一个状态为真，即如果在某个路径的当前状态的下一个状态 ϕ 为真，则该路径为真。

● $X\phi$ 表示 ϕ 在某个未来状态下成立，即如果某个路径中的存在状态 ϕ 为真，则该路径为真。

● $\phi U\varphi$ 表示 ϕ 成立直到 φ 成立，即如果 φ 在某个路径的状态为真，而 ϕ 在这个状态以前的所有状态都为真，则该路径为真。

CTL 语法中不包含 W(弱……直到)和 R(直到……才)状态。

计算树逻辑从给定状态 s 出发的所有可能计算路径可视化非常有用，可以将状态迁移系统扩展为一个无限计算树，图 7.24 图形化展示了初始状态分别满足 EFp、AFp、EGp、AGp、$E[pUq]$、$A[pUq]$ 的系统，图中浅灰色状态代表 p 命题成立的状态，深灰色状态代表 q 命题成立的状态。

● EFp：从当前状态起，系统存在一条路径，未来某个状态下满足原子命题 p。

● AFp：从当前状态起，系统所有路径未来某个状态下满足原子命题 p。

● EGp：从当前状态起，系统存在一条路径，所有状态始终满足原子命题 p。

● AGp：从当前状态起，系统所有路径所有状态始终满足原子命题 p。

● $E[pUq]$：从当前状态起，系统存在一条路径，在当前状态及后续状态满足原子命题 p，直到该路径上某个满足原子命题 q 的状态出现。

● $A[pUq]$：从当前状态起，系统所有路径，在当前状态及后续状态满足原子命题 p，直到该路径上某个满足原子命题 q 的状态出现。

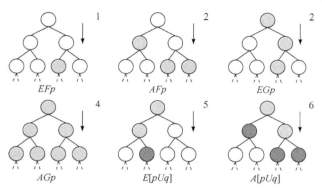

图 7.24　六类 CTL 算子语义

7.3.3.2　模型检查工具

随着模型检查技术嵌入式开发及安全关键系统领域的不断应用，支持模型检查的商业软件逐渐增多。例如基于 AltaRica 语言的 Simfia 内置模型检查器、SCADE 套件内置 SPPI、Statefmate 内置 STVE 等。但是由于商业软件在知识产权及技术推广上的局限性，该类型的软件并未得到非常广泛的关注。

相比之下，欧美一些高校所研发的开源模型检测器在研究领域得到了广泛的应用。例如贝尔实验室的软件/协议验证工具 SPIN、加利福尼亚大学伯克利分校研制的验证/综合工具 VIS、卡内基梅隆大学的符号模型检验工具 SMV 及后续改进软件 NuSMV。SPIN 是一个具有图形化窗口的模型检查器，采用偏序规约技术，适用于并行软件设计验证、通信协议安全性验证等；VIS 则采用硬件描述语言 Verilog 描述目标系统，并具备了模型检查及时序电路等价检测功能。SMV 语言及同名工具采用二元决策图存储系统迁移数据，缓解了模型检查方法的 N-P 问题，并支持计算树时态逻辑公式。

7.4　基于模型的 IMA 安全性分析实例

IMA 是一组共享的、灵活可重复使用且可互操作的硬件和软件资源，这些资源在集成后形成一个平台，该平台可提供服务，并根据已定义的一组安全性和性能要求进行设计和验证飞机功能的应用。与联合式航空电子体系结构相比，IMA 系统体系结构可以提供更复杂和更强大的功能。IMA 网络互联相对复杂，故障树分析(FTA)等传统的安全性方法只能分析系统的静态模型，所以进行 IMA 安全分析具有一定的局限性。本节以 IMA 为研究对象，进行基于模型的安全性分析建模研究。

基于 AADL 和广义随机 Petri 网的安全性分析方法，创建 IMA 平台系统架构的 AADL 模型，根据转化规则，IMA 平台系统的 AADL 模型被转化为相应的

GSPN 模型，同时获取完整的 IMA 平台系统内部组件故障传播的动态影响直观图，并为基于 GSPN 模型进行定量的安全性分析奠定基础。

AADL 体系结构分析与设计语言将系统设计、分析、验证和自动代码生成等关键环节融合于统一框架之下，主要实现在 OSATE 平台上建模，首先创建体系结构模型，然后加入错误模型，最后进行安全性分析。

AADL 系统体系结构包括软件体系结构和硬件体系结构，其描述一个系统在软硬件方面的静态结构。为进一步丰富 AADL 语言的表达能力，AADL 定义属性集扩展和附件扩展两种方式。其中，属性集扩展丰富 AADL 在系统非功能约束方面的描述能力；而附件扩展则增强 AADL 对构件实际功能行为的详细描述能力。

AADL 包括构件类型(Type)和构件实现(Implementation)两部分。构件类型之间也存在着继承(Extend)关系，一个构件类型对应着多个构件。构件可以分为三类：系统构件、软件构件和硬件构件。具体分类介绍见表 7.2。

表 7.2　AADL 构件分类表

分类	中文名	英文名	备注
软件构件	数据	Data	源代码和应用数据类型中的数据
	进程	Process	受保护地址空间内的程序基本执行实体
	线程组	Thread Group	用于在逻辑上组织一个进程范围内的线程
	线程	Thread	并行执行的可调度单元
	子程序组	Subprogram Group	子程序纳入程序库
	子程序	Subprogram	可顺序访问的可执行代码、表示诸如返回和访问方法
硬件构件	处理器	Processor	调度、执行线程和虚拟处理器
	虚拟处理器	Virtual Process	能够调度和执行的线程逻辑资源
	存储器	Memeory	用于存储代码和数据
	总线	Bus	用于连接处理器、存储器和设备
	虚拟总线	Virtual Bus	表示诸如虚拟通道或通信协议
	设备	Device	表示与外部环境接口的传感器、执行器或其他构件
系统构件	系统	System	将软件、硬件和其他系统构件集成到一个体系结构之内

上文概述 AADL 的软硬件系统结构，主要描述系统构件的静态层次结构与非功能属性，主要介绍可用 AADL 语言对系统进行体系架构的描述。执行模型主要描述系统体系架构的动态行为，为进一步的系统行为分析提供支持。

7.4.1　IMA 平台系统架构建模

用 OSATE 软件创建的 IMA 平台系统模型，如图 7.25 所示。IMA 平台系统有左右两个机柜，左机柜中有两个 GPM，每个 GPM 具有两个通道。通道将信号输出到 ACS(内部交换机)。然后，信号从 ARS(外部交换机)经过 RDIU(远程数据接口单元)传递到传感器。GPM 和 RDIU 通常都具有冗余，但是对于 RDIU，它们具有不同的冗余形式。正常状态下只有一个 RDIU 工作，其他 RDIU 处于备用状态。当工作的 RDIU 发生故障时，工作通道将被隔离并自动切换到备用状态。此外，IMA 平台中的大多数组件都处于热储备状态，GPM 模块可以位于不同的机柜中。只有当所有机柜故障时，机柜中的 GPM 模块和 ACS 交换模块才都不可用。

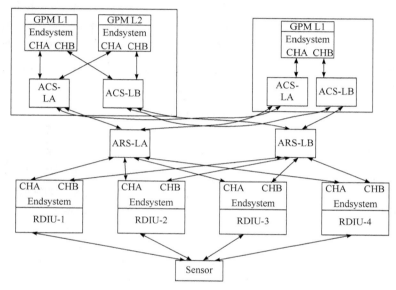

图 7.25   IMA 平台系统的架构模型

工作状态表示为 "O"，而失效状态表示为 "F"。此外，对于 IMA 平台中的所有组件，故障率是 1×10^{-7}，而维修率是 0.1。危险等级 "A" 是灾难性的，"B" 是重大的。表 7.3 显示状态和失效的严重性，而表 7.4 中显示事件及其发生的分布。

表 7.3   安全模型的错误状态

状态	描述	危险等级
GF	左 GPM 失效	B
ACSF	左 ACS 失效	B
FLG	左失效	B
FRG	右失效	B
ARSF	ARS 失效	A
CCR	CCR 失效	A
FR	RDIU 失效	A

表 7.4 安全模型的错误事件

事件	描述	失效率
IPL	从左机柜开始的故障传播	1×10^{-7}
IPR	从右机柜开始的故障传播	1×10^{-7}
FGL	2 个 GPM 生成指令	1×10^{-5}
F2C	2 个 ACS 生成指令	1.1×10^{-5}
FL	输出指令到 ARS	5×10^{-6}
FR	输出指令到 ARS	5×10^{-6}
FBR	2 个 ARS 生成指令	1.1×10^{-5}
FLR	CCR 生成指令	2.0×10^{-5}
IAF	故障传播来自于 IMA 平台	2.0×10^{-5}
FRD	4 个 RDIU 生成指令	2.0×10^{-5}

7.4.2 故障注入及模型扩展

错误模型附件(error model annex)使用错误附件库来创建错误模型,并且使错误模型和体系结构对同一个组件建模并使之相关联,描述不同种类的故障和故障行为,以及相互作用或故障传播。错误模型附件支持系统的定性和定量安全性分析。

对于由成千上万组件和传感器组成的 IMA,很难分析其中的故障传播和组合故障。故障传播和组合故障非常复杂,传统的方法无法解决安全性建模问题。EMV2 对 AADL 语言进行扩展,利用 EMV2 创建的错误模型可以指定故障行为和故障传播,从而支持对系统可靠性和安全性的定性和定量评估。研究表明,与一些现有的安全性评估技术相比,在体系结构级别的安全性评估中错误模型附件发挥着极其重要的作用。此外,由于 AADL 缺乏形式语义和执行性,因此基于 AADL 的研究通常需要把 AADL 模型转换为其他安全性分析模型,可以利用现有技术和工具进行分析和验证。例如故障树、广义随机 Petri 网、定时 Petri 网、确定性随机 Petri 网等。但是,它们都没有考虑如何使用 AADL 解决故障传播和故障组合问题。

(1) AADL 错误模型附件。

AADL 可使用附加到体系结构模型的专用语言来进行扩展。这些组件通过附加的特性和要求进行增强,称为附件语言。用于功能性和非功能性分析的附件语言对体系结构模型组件进行注释。

可以为每个组件添加类型和实现,分别用错误类型和行为进行建模。几种错误模型的实现可以对应于相同的错误模型类型。还可以通过模型指定错误流以及在组件和端口之间传播的错误。在系统级别使用此类附件对错误行为进行建模,有助于对不同类型的故障进行分析。如 EMV 中所述,EMV2 支持对不同类型的故障进行建模。对单个系统组件进行故障行为建模，对影响相关组件的故障传播进行建模，以及对软件组件与其执行平台之间交互作用和层次关系进行建模。根据组件层次结构对故障行为和传播的聚集关系进行建模，以及在实际系统的体系结构中指定预期的容错策略。EMV2 的目的是支持系统的可信性，例如对可靠性、可用性、完整性(安全性与安全)和生存性进行定性和定量评估。根据注释使嵌入式软件、计算机平台和物理系统架构模型符合特定的容错策略。

(2) 组件错误行为。

用户可以为每个组件指定一个错误事件(例如故障、恢复和修复事件以及它们的发生概率)，并且描述错误事件与输入错误如何影响组件的错误状态。在什么条件下组件输出错误，何时组件检测到错误行为并解决错误行为。

错误行为由可重用的错误行为状态机指定。图 7.26 说明具有正常和失效状态的状态机。错误事件触发转换为"失效"状态，而恢复事件触发转换为"正常"状态。

```
⊖ error behavior Simple
  events
  failure : error event ;
  recov : error event ;
  states
  Operational : initial state ;
  Failed : state ;
  transitions
  t1 : Operational-[failure]->Failed;
  t2 : Failed-[recov]->Operational;
  end behavior ;
```

图 7.26　错误行为状态机

(3) 组合错误行为。

组合错误行为是指随着子组件错误状态的更新，父组件可能会进入新的错误状态。AADL 错误附件提供几种状态组合逻辑运算: or、and、ormore、orless。运算 or 表示其中之一为 true，则运算 or 表达式为 true。至少 n 个运算为 true 时，带有 ormore 的表达式才为 true。运算符 orless 与 ormore 相反。如果多于 n 个运算为 true，则具有 orless 的表达式为 false。

图 7.27 显示使用两个传感器运行的示例系统。只要一个传感器处于运行状态，系统就一直保持运行状态，但是当两个传感器都发生故障时，系统失效。

```
composite error behavior
states
[ sensor1.Failed and sensor2.Failed]-> Failed;
[ sensor1.Operational or sensor2.Operational]->Operational;
end composite ;
```

图 7.27　组合错误行为

7.4.3 安全性分析结果

当左机柜发生故障时，可以认为 GPM L1、GPM L2、ACS-LA 和 ACS-LB 同时发生失效。GPM R1 和 ACS-RB 的失效可能由右机柜的故障引起。

每个组件的错误传播都包含输入传播和输出传播。GPM、ACS、ARS 和 RDIU 相互之间会产生影响。为简化安全模型，不考虑它们之间的故障传播。系统中的所有组件均包含"失效"和"正常"两个状态。如果 GPM L1 和 GPM L2 均故障，并且故障是由 FGL 触发，则状态变为 GF。同时如果 ACS-LA 和 ACS-LB 同时发生故障并由 F2C 触发，则最终状态变为 ACSF。组合故障 FLG 由 FL、GF 或者 ACSF 触发。

对系统右侧也采取同样的分析方法，其最终状态是 FRG。FLG 和 FRG 由 FLR 触发，组合状态为 CCR。四个 RDIU 通过 AND 连接，并由 FRD 触发。组合状态最终变为 FR。此外，如果存在状态 ARSF、FR 或 CCR，则此错误可能会通过 IAF 传播到 Sensor，导致 Sensor 失效。

在本案例研究中，已经为 IMA 平台确定事件和事件触发因素。IMA 平台的 AADL 模型如图 7.28 所示，其中包括组件之间的错误传播。表 7.3 和表 7.4 显示该图中触发器和状态的含义。圆圈表示错误状态，正方形表示错误事件或事件触发机制。

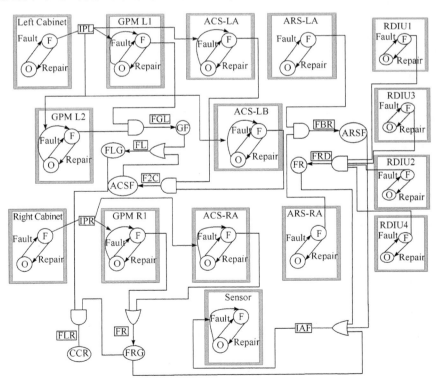

图 7.28 IMA 平台系统的 AADL 模型

根据从 AADL 到 GSPN 的模型转换规则，创建 IMA 平台的 GSPN 模型，如图 7.29 所示。安全模型中的元素已转换为位置或变迁。假设发生故障时，具有冗余效果的硬件不会同时失效，并且元素是独立的。在图 7.29 中，组件之间的输出传播和输入传播通过瞬时变迁进行连接。组合错误行为是从子组件到系统的，例如，组合错误行为指定从状态 F 到状态 ARSF 的关系。这些状态之间的关系由与 and 等效的 GSPN 模型表示。另外，转换是瞬时变迁。

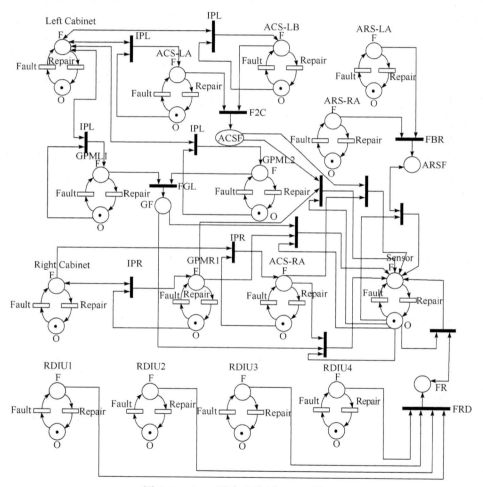

图 7.29 IMA 平台系统的 GSPN 模型

使用 OSATE 软件，AADL 模型可自动转换成 GSPN 模型并进行安全性分析。但是，OSATE 平台不稳定，并且转换很容易失败，本节采用工具 PIPE2 对 IMA 平台的 GSPN 模型进行分析。PIPE2 是一个开源平台，支持创建和分析 Petri 网，并具有图形用户界面，允许用户创建 GSPN 模型。它包括不同的模块，例如稳态分析、可达性/可覆盖性图分析和 GSPN 分析。根据仿真结果可以判断是否满足安全要求。

7.5　小　　结

本章首先介绍 ARP 4761A 中传统 V 型安全性分析方法，包括飞机级/系统级功能危险分析、初步系统安全性分析和系统安全性分析。在此基础上，提出了 MBSA 在传统安全性分析过程中的结合方法，研究建立了一套基于模型的系统安全性分析方法，分析其分析方法框架、建模所必需的模型元素、模型的输入输出要求、生成故障树等安全分析结果的方法、实施过程以及开发考虑事项等，试图将现有的 MBSA 研究成果应用于实际安全性分析流程，为 MBSA 的工程推广提供了部分借鉴思路。

其次，从理论上对故障注入机制和模型扩展机制进行了分析。故障注入机制即根据设计好的系统故障行为，在正常功能模型中添加相应的故障控制变量，该变量仅为相应故障模式在正常功能模型中的声明，亦为将故障模式扩展到正常功能模型的接口。将故障模型加入到名义系统模型中，描述系统在各种故障条件下的行为，得到的模型称作系统故障扩展模型。并对如何从功能模型进行故障扩展进行了细致研究。分别基于 NuSMV 模型和 AADL 模型展开故障扩展功能模型分析，研究了故障扩展模型和错误状态转移模型，分析硬件和软件错误状态相互转移规律，为后续基于模型的安全性分析环节提供了铺垫。对基于模型检查的形式化验证技术进行了详尽的阐述，说明了模型检查原理，并列举了常用的模型检查工具。

最后，以 IMA 平台系统为例进行基于模型的安全性分析。基于 AADL 和广义随机 Petri 网的安全性分析方法，创建 IMA 平台系统架构的 AADL 模型，根据转化规则，IMA 平台系统的 AADL 模型被转化为相应的 GSPN 模型，同时获取完整的 IMA 平台系统内部组件故障传播的动态影响直观图，为基于 GSPN 模型进行定量的安全性分析奠定基础。

参 考 文 献

[1] 王栋. 基于动态故障树分析的民用飞机辅助动力装置系统安全性评估. 民用飞机设计与研究, 2014, 114(3): 48-52.

[2] 王小辉, 车程, 瑚洋, 等. 基于故障树的飞机结冰探测系统安全性分析. 航空工程进展, 2018, 9(2): 267-273.

[3] 陆峥, 刘剑. 基于故障树分析方法的民机飞机驾驶舱门控制逻辑改进设计. 计算机测量与控制, 2020, 28(1): 44-47, 53.

[4] 闫锋, 尚永锋, 付继龙. 基于故障树-蒙特卡罗模拟的航空发动机控制系统适航审定安全性分析方法. 科学技术与工程, 2019, 19(29): 363-370.

[5] 张艳慧, 秦浩, 王代军. 发动机反推力系统安全性设计. 航空动力学报, 2015, 30(7): 1784-1792.

[6] 徐文华, 张育平. 一种基于航电系统架构模型的故障树自动建模方法. 计算机工程与科学, 2017, 39(12): 2269-2277.

[7] 刘宇, 刘永超. 航电系统安全性分析工具设计与研究. 民用飞机设计与研究, 2017, 126(3): 10-16.

[8] 秦兴秋, 邢昌风. 一种基于 Petri 网模型求解故障树最小割集的算法. 计算机应用, 2004, 9(S1): 299-300, 306.

[9] 王瑶, 孙秦, 薛海红, 等. 三种系统可靠性评估方法的比较与分析. 航空工程进展, 2014, 5(4): 491-496.

[10] 程学珍, 林晓晓, 朱春华, 等. 基于时序信息的模糊 Petri 网电网故障诊断方法. 电工技术学报, 2017, 32(14): 229-237.

[11] 戴晨曦, 刘志刚, 胡轲琎, 等. 基于模型与模糊 Petri 网融合的高铁牵引变压器故障诊断. 电力系统保护与控制, 2016, 44(11): 26-32.

[12] Zhou K X, Zain A M, Muo L P. Dynamic properties of fuzzy Petri net model and related analysis. Journal of Central South University, 2015, 22(12): 4717-4723.

[13] Salehfar H, Li T. Stochastic Petri nets for reliability assessment of power generating systems with operating considerations //IEEE Power Engineering Society. 1999 Winter Meeting (Cat. No.99CH36233): IEEE, 1999: 459-464.

[14] Tigane S, Kahloul L, Bourekkache S. Reconfigurable stochastic Petri nets: A new formalism for reconfigurable discrete event systems //2017 International Conference on Mathematics and Information Technology (ICMIT): IEEE, 2017: 301-308.

[15] Li K, Li W, Sun X N, et al. A Stochastic-Petri-Net-Based Model for Ontology-Based Service Composition //2016 9th International Conference on Service Science (ICSS): IEEE, 2016: 108-112.

[16] Xue Y, Kieckhafer R M, Choobineh F F. Automated construction of GSPN models for flexible manufacturing systems. Computers in Industry, 1998, 37(1): 17-25.

[17] Marsan M A, Neri F, Vasco A. GSPN models of bridged LAN configurations. Journal of Systems Architecture, 2000, 46(2): 105-130.

[18] Tigane S, Kahloul L, Bourekkache S. Reconfigurable GSPNs: A modeling formalism of evolvable discrete-event systems. Science of Computer Programming, 2019, 183: 102302.

[19] Gharbi N, Ioualalen M. GSPN analysis of retrial systems with servers breakdowns and repairs. Applied Mathematics and Computation, 2006, 174(2): 1151-1168.

[20] Botti O, Capra L. A GSPN based methodology for the evaluation of concurrent applications in distributed plant automation systems. Journal of Systems Architecture, 1996, 42(6): 503-530.

[21] Wei X M, Dong Y W, Li X L, et al. Architecture-Level hazard analysis using AADL. Journal of Systems and Software, 2018, 137: 580-604.

[22] Wei X M, Dong Y W, Yang M M, et al. Hazard analysis for AADL model // Proc. of the 20th IEE Int'l Conf. on Embedded and Real-Time Computing Systems and Applications. Chongqing, 2014: 1-10.

[23] Zimmermann A. Stochastic Discrete Event Systems. Berlin, Heidelberg, New York: Springer-Verlag, 2007.

[24] Wei X M, Dong Y W, Xiao M R. Safety-Based software reconfiguration method for integrated modular avionics systems in AADL model // Proc. of the IEEE Int'l Conf. on Software Quality. Reliability and Security Companion, 2018 :450-455.

[25] Wei X M, Dong Y W, Ye H. QaSten: Integrating quantitative verification with safety analysis for AADL model// Proc. of the Int'l Symp. on Theoretical Aspects of Software Engineering, 2015:103-110.

[26] Wei X M, Dong Y W, Sun P P, et al. Safety analysis of AADL models for grid cyber-physical systems via model checking of stochastic games. Electronics, 2019, 8(2): 212.

[27] Baouya A, Mohamed O A, Bennouar D, et al. Safety analysis of train control system based on model-driven design methodology. Computers in Industry, 2019, 105: 1-16.

[28] Bao Y X, Chen M S, Zhu Q, et al. Quantitative performance evaluation of uncertainty-aware hybrid AADL designs using statistical model checking. IEEE Trans. on Computer-Aided Design of Integrated Circuits and Systems, 2017, 36(12): 1989-2002.

[29] Dong Y W, Wang G R, Zhang F, et al. Reliability analysis and assessment tool for AADL model. Ruan Jian Xue Bao/Journal of Software, 2011, 22(6): 1252-1266.

[30] Gu B, Dong Y W, Wei X M. A qualitative safety analysis method for AADL model// Proc. of the 8th Int'l Conf. on Software Security and Reliability-Companion. IEEE, 2014: 213-217.

[31] Liu Y L, Shen G H, Huang Z Q, et al. Quantitative risk analysis of safety-Critical embedded systems. Software Quality Journal, 2017, 25(2): 503-527.

[32] Bozzano M, Bruintjes H, Cimatti A, et al. COMPASS 3.0// Proc. of the 25th Int'l Conf. on Tools and Algorithms for the Construction and Analysis of Systems (TACAS 2019), 2019: 379-385.

[33] Bozzano M, Cimatti A, Katoen J P, et al. Safety, dependability and performance analysis of extended AADL models. The Computer Journal, 2010, 54(5): 754-775.

[34] Julien D, Feiler P H, Gluch D, et al. AADL fault modeling and analysis within an ARP4761 safety assessment. Technical Report, CMU/SEI-2014-TR-020, 2014.

[35] Papadopoulos Y , McDermid J A. Hierarchically performed hazard origin and propagation studies. Journal of Reliability Engineering and System Safety, 1999, 1698: 139-152.

[36] Papadopoulos Y. Safety-Directed System Monitoring Using Safety Cases (PhD dissertation). University of York, 2000.

[37] Papadopoulos Y, Walker M, Parker D, et al. A synthesis of logic and bio-inspired techniques in the design of dependable systems. Annual Reviews in Control, 2016, (41): 170-182.

[38] Papadopoulos Y, Walker M, Parker D, et al. Engineering failure analysis and design optimisation with HiP-HOPS. Engineering Failure Analysis, 2011, 18(2): 590-608.

[39] Kabir S, Walker M , Papadopoulos Y. Dynamic system safety analysis in HiP-HOPS with petri nets and bayesian networks. Safety Science, 2018, 105: 55-70.

[40] Bozzano M, Papadopoulos Y. A model-based extension to HiP-HOPS for dynamic fault propagation studies. Model-Based Safety and Assessment, 2017 ,10437: 163-178.

[41] 田曾昊. 基于需求建模的软件安全性分析方法研究. 航空标准化与质量, 2017(4): 38-42.

[42] Chiozza M L, Ponzetti C. FMEA: a model for reducing medical errors. Clinica Chimica Acta, 2009, 404(1): 75-78.

[43] Bieber P, Bougnol C, Castel C, et al. Safety Assessment with altarica. Journal of the American College of Cardiology, 2004, 53(11): 982-991.

[44] Murata T. Petri nets: Properties, analysis and applications. Proceedings of the IEEE, 1989, 77(4): 541-580.

[45] Batteux M, Prosvirnova T, Rauzy A, et al. The AltaRica 3.0 Project for Model-Based Safety Assessment. Industrial Informatics (INDIN), 2013 11th IEEE International Conference, 2013: 741-746.

[46] 谷青范, 王国庆, 张丽花, 等. 基于模型驱动的航电系统安全性分析技术研究. 计算机科学, 2015, 42(3): 124-127.

[47] David P, Idasiak V, Kratz F. Automating the synthesis of AltaRica Data-Flow models from SysML. Reliability risk and safety: theory and application: ESREL, 2009, 1: 105-112.

[48] Lipaczewski M, Ortmeier F, Prosvirnova T, et al. Comparison of modeling formalisms for Safety Analyses: SAML and AltaRica. Reliability Engineering & System Safety, 2015, 140: 191-199.

[49] Cassez F, Pagetti C, Roux O. A timed extension for AltaRica. Fundamenta Informaticae, 2004, 62(3-4): 291-332.

[50] Adeline R, Darfeuil P, Humbert S, et al. Toward a methodology for the AltaRica modelling of multi-physical systems. Proceedings of the ESREL 2010 Annual Conference, 5-9Sept 2010, Taylor & Francis.

[51] Bieber P, Bougnol C, Castel C, et al. Safety assessment with AltaRica//Building the Information Society. Springer US, 2004: 505-510.

[52] Jiang Y, Qiu Z. S2N: Model transformation from SPIN to NuSMV//Model Checking Software. Berlin, Heidelberg: Springer 2012: 255-260.

[53] Bozzano M, Cimatti A, Lisagor O, et al. Safety assessment of AltaRica models via symbolic model checking. Science of Computer Programming, 2015, 98: 464-483.

[54] Li S, Duo S. A practicable MBSA modeling process using AltaRica. Model-Based Safety and Assessment. Springer International Publishing, 2014: 1-13.

[55] Humbert S, Seguin C, Castel C, et al. Deriving Safety Software Requirements from an AltaRica

System Model. Computer Safety, Reliability, and Safety. Berlin, Heidelberg: Springer 2008: 320-331.

[56] Cherfi A, Rauzy A, Leeman M. AltaRica 3 based models for ISO 26262 automotive safety mechanisms. Model-Based Safety and Assessment. Springer International Publishing, 2014: 123-136.

[57] 王红力. 面向 IMA 的复杂系统安全性分析方法研究. 北京: 北京航空航天大学, 2020.

[58] 邓佳佳. 综合模块化航电系统需求建模与验证方法研究. 南京: 南京航空航天大学, 2017.

[59] 徐文华. 民用飞机航电系统架构安全性分析技术研究. 南京: 南京航空航天大学, 2017.

[60] Hines P, Huaiwei L, Dong J, et al. Autonomous Agents and Cooperation for the Control of Cascading Failures in Electric Grids. Proceedings of the IEEE Conference on Networking, Sensing, and Control, Tucson, USA, March, 2005.

[61] Hardiman R C, Kumbale M, Makarov Y V. Multi-Scenario Cascading Failure Analysis Using TRELSS. CIGRE/IEEE PES International Symposium on Quality and Security of Electric Power Delivery Systems, Montreal, Quebec, Canada, October, 2003.

[62] Talukdar S, Dong J, Hines P, et al. Distributed Model Predictive Control for the Mitigation of Cascading Failures. Proceedings of the 44th IEEE Conference on Decision and Control, Seville, Spain, December, 2005.

[63] Klim Z H, Szczepański P, Bałaziński M. Causes and effects of cascading failures in aircraft systems. ACM, 2007.

[64] Biswaws P, Shrimali S C. Safety assessment of modern aircraft-a case study. Reliability & Maintainability Symposium. IEEE Xplore, 2001: 365-371.

[65] Philippa C, Mark N, John M. Identifying Safety Dependencies in Modular Computer Systems. Internation System Safety Conference, 2003: 10.

[66] Ren F, Jiao J, Zhao T. A safety consideration of IMA based on SISPHA. International Conference on Reliability, Maintainability and Safety, 2014: 1114-1118.

[67] Ren F, Zhao T, Wang H. Formal specification and risk assessment approach of integrated complex system: A case study in IMA domain. International Conference on Reliability Systems Engineering, 2015: 1-6.

[68] Ren F, Chen L, Zhao T, et al. A quantitative risk assessment approach of IMA structure considering the cascading impact. 25th European Safety and Reliability Conference, ESREL, 2015.

[69] Ren F, Zhong D, Chen L. A logic-perspective flaw identifying method under the STAMP framework. European Safety and Reliability Conference, ESREL, 2015.

[70] Wang H, Zhong D, Zhao T, et al. Complex system safety assessment based on entropy and dissipative structure theory. First International Conference on Reliability Systems Engineering, IEEE, 2016: 1-5.

[71] Wang H, Zhao T, Ren F, et al. Integrated modular avionics system safety analysis based on model checking. Reliability and Maintainability Symposium, IEEE, 2017: 1-6.

[72] Wang H, Zhong D, Zhao T, et al. Safety analysis to integrated complex system considering correlation relationship. International Conference on Reliability Systems Engineering, 2017: 1-6.

[73] Wu Y, Xiao G, Wang M. Cascading Failure Analysis Method of Avionics Based on Operational

Process State. IEEE Access, 2020(99): 1-1.

[74] 施志坚. 民用飞机 IMA 组合失效安全性分析方法研究.科技视界, 2018(7): 214, 207.

[75] 冯臻. 民机系统研制中的共模分析方法及发展趋势. 科技视界, 2016(14): 10-11, 30.

[76] Hata A, Araki K, Kusakabe S, et al. Using Hazard Analysis STAMP/STPA in Developing Model-Oriented Formal Specification toward Reliable Cloud Service. International Conference on Platform Technology and Service. IEEE, 2015: 23-24.

[77] Abdulkhaleq A, Wagner S, Leveson N. A comprehensive safety engineering approach for software-intensive systems based on STPA. Procedia Engineering, 2015, 128(2015): 2-11.

[78] 让涛. 基于 STPA 的 IMA 平台应用系统的危害分析方法研究. 南京: 南京航空航天大学, 2016.

[79] Chanakya H N, AAP D A. Exploring the role and content of the safety case. Chemical engineers. Process Safety and Environmental Protection, 2004, 82(4): 283-290.

[80] 王鹏, 熊国庆, 张帆, 等. 基于 Safety Case 理论的民机平视显示系统安全性评估. 电光与控制, 2016(12): 56-60.

[81] 李骁丹, 殷永峰, 张弛. 综合模块化航电系统软件技术研究.航空计算技术, 2013, 43(3): 96-101.

[82] Conmy P, McDermid J. High Level Failure Analysis for Integrated Modular Avionics. 6th Australian Workshop on Safety Critical Systems and Software, ACM, New York, 2001, 3: 21-31.

[83] Conmy P, Nicholson M, McDermid J. Safety assurance contracts for integrated modular avionics. Proceedings of the Eighth Australian Workshop on Safety Critical Systems and Software, ACM, New York, 2003: 69-78.

[84] Fleming C H, Leveson N G. Improving hazard analysis and certification of integrated modular avionics. Journal of Aerospace Information Systems, 2014, 11(6): 397-411.

[85] 张安莉. 基于随机 Petri 网的航空电子综合化系统可靠性建模与分析. 西安:西北工业大学, 2006.

[86] 刘晓斌. 基于 Petri 网的综合航空电子系统性能分析. 西安: 西北工业大学, 2006.

[87] 朱岩, 耿修堂, 高晓光. 基于随机 Petri 网的综合航电系统建模及分析. 火力与指挥控制, 2006(1): 41-44.

[88] 赵长啸, 阎芳, 张帆, 等. 综合模块化航电系统适航审定要求分析. 电讯技术, 2015, 55(8): 1134-1140.

[89] 赵长啸, 阎芳, 邢培培, 等. 面向民机综合化航电系统的安全例证法研究. 中国安全科学学报, 2017(7): 82-87.

[90] 张潇. 基于模型驱动的 IMA 资源安全分配与验证方法研究. 南京: 南京航空航天大学, 2016.

[91] 邢逆舟. 基于模型的综合化航电系统资源配置安全性分析与研究. 南京: 南京航空航天大学, 2015.

[92] 郑红燕. 民用飞机 IMA 核心处理系统动态故障树分析. 南京: 南京航空航天大学, 2013.

[93] 孙健. 基于 AADL 的综合航电系统资源配置安全性分析与验证. 南京: 南京航空航天大学, 2016.

[94] 胡军, 石娇洁, 程桢, 等. 一种基于四变量模型的系统安全性建模与分析方法. 计算机科

学, 2016, 43(11): 193-199.

[95] 杨海云, 孙有朝, 阮宏泽. 基于 AADL 和 HiP-HOPS 的 IMA 安全性分析方法研究. 航空计算技术, 2019, 49(6): 85-88.

[96] 杨海云, 孙有朝, 阮宏泽, 等. 基于 AADL 和 GSPN 的安全关键系统的研究. 航空计算技术, 2020, 50(5): 18-22.

[97] Yang H Y, Sun Y C, Li L B, et al. Safety analysis of integrated modular avionics system based on FTGPN method. International Journal of Aerospace Engineering, 2020.

[98] 杨海云, 孙有朝. 基于类似 HiP-HOPS 的 IMA 级联失效模型的分析研究. 第八届民用飞机航电国际论坛论文集. 中国航空学会、中国航空研究院, 2019: 5.

[99] 刘家佳. 综合化航空电子系统安全管理的研究与实现. 西安: 西安电子科技大学, 2009.

[100] 朱小未. 基于层次分析与灰度关联的综合化航空电子安全性评估方法. 西安: 西安电子科技大学, 2011.

[101] 徐显亮, 张凤鸣, 褚文奎. 一种以安全性为中心的 IMA 软件体系结构设计方法. 计算机科学, 2012, 39(3): 128-130.

[102] 靳文瑞. 综合模块化航电的安全性分析理论与适航评估. 航空标准化与质量, 2013(3): 17-19.

[103] 谷青范, 王国庆, 张丽花, 等. 基于模型驱动的航电系统安全性分析技术研究. 计算机科学, 2015, 42(3): 124-127.

[104] Li Z, Wang S, Zhao T, et al. A hazard analysis via an improved timed colored petri net with time-space coupling safety constraint. The Chinese Journal of Aeronautics, 2018, 29(4): 1027-1041.

[105] Eveleens R L C. Integrated modular avionics development guidance and certification considerations// Mission Systems Engineering. Educational Notes RTO-EN-SCI-176, Paper 4. Neuilly-sur-Seine, France: RTO. 2006: 4-1-4-18.

[106] 唐建华. 民机综合航空电子系统今昔谈. 国际航空, 2007, 6: 28-30.

[107] 孙晓哲, 宋晗, 陈宗基. 民机航空电子系统及虚拟样机技术研究. 大型飞机关键技术高层论坛暨中国航空学会年会, 2007.

[108] 孙欢庆. 民用飞机综合航电系统技术发展研究. 航空科学技术, 2010(3): 6-8.

[109] Ramsey J W. Integrated Modular Avionics: Less is More. Avionics Magazine, 2007.

[110] 杨云志, 罗通俊, 黄进武, 等. 我国大型飞机航空电子系统的发展与思考. 电讯技术, 2007, 47(4): 1-5.

[111] 吴建民, 吴铭望, 李国经. 大型客机航空电子系统研发关键技术分析及建议. 航空制造技术, 2008(16). 2008, 16: 46-49.

[112] 熊华钢, 王中华. 先进航空电子综合技术. 北京: 国防工业出版社, 2009.

[113] 陈学江, 陈昶昊. 新一代飞机航电系统的综合化趋势及关键技术. 导航与控制, 2013, 12(3): 75-79.

[114] ASAAC. STANAG 4626 Final draft of proposed standards for software. 2004.

[115] ARINC. ARINC 653 Avionics Application Software Standard Interface. 2006.

[116] RTCA. RTCA DO-297 Integrated Modular Avionics (IMA) Development Guidance and Certification Considerations. 2005.

[117] 褚文奎, 张凤鸣, 樊晓光. 综合模块化航空电子系统软件体系结构综述. 航空学报, 2009, 30(10): 1912-1917.

[118] 郭莎莎, 胡旻. 综合模块化航空电子系统结构的最新发展及挑战. 航空电子技术, 2013, 44(2): 15-20.

[119] Liu X Y, Xu H G. Modeling and analysis of integrated avionics processing systems. 29th Digital Avionics Systems Conference Salt Lake City, UT, USA 03-07 October 2010.

[120] 苏江福. 联邦式架构过渡到 IMA 架构的考虑. 科技视界, 2014(15): 75-79.

[121] 李军生, 李京生. 民机综合模块化航空电子系统及其发展. 航空制造技术, 2013(19): 42-45.

[122] 霍曼, 邓中卫. 国外军用飞机航空电子系统发展趋势. 中国航空学会信号与信息处理专业全国第八届学术会议, 中国贵州贵阳, 2004.

[123] 李红娟, 马存宝, 宋东, 等. 波音 777 飞机信息管理系统. 民用飞机设计与研究, 2001(2): 1-4.

[124] Peters M S. Multi-modal digital avionics for commercial applications. Cleveland: OH: NASA Glenn Research Center, 2004.

[125] 任苏中, 刘小凤. 波音公司 B777 飞机综合模块化航空电子系统的结构设计. 电子机械工程, 1998(6): 1-7.

[126] 非寒. 波音 777 综合航电系统的更新. 国际航空, 2004(10): 59-60.

[127] 杨云志. 综合模块化技术在机载 CNS 系统中的应用探讨. 大型飞机关键技术高层论坛暨中国航空学会 2007 年学术年会论文集, 2007.

[128] NELSON T. 787 Systems and Performance. Boeing Commercial Airplanes. [2012-11-20]. http://dibley. eu.com/documents/B787SystemsandPerf-GeorgeBeyle-31mar09.

[129] Butz H.The Airbus approach to open Integrated Modular Avionics (IMA): technology, functions, industrial processes and future development road map//International Workshop on Aircraft System Technologies, Hamburg, Germany, 2007.

[130] 伊恩·莫伊尔, 阿伦·西布里奇. 民用航空电子系统. 范秋丽, 等译. 北京: 航空工业出版社, 2009.

[131] 江帆, 鞠建波, 邓小涛. 综合航空电子系统新技术研究. 现代电子技术, 2003(20): 32-34.

[132] Ramsey J W. B787: Integration's Next Step. Avionics magazine, 2005(6): 2005.

[133] Ian M, Allan S, Malcolm J. Civil Avionics System. Weinheim: Wiley Press, 2013.

[134] Christopher B W. Integrated Modular Avionics: Managing the Allocation of Shared Intersystem Resources. 25th Digital Avionics Systems Conference (DASC), Portland, Oregon, IEEE, 2006.

[135] 周强, 熊华钢. 新一代民机航空电子互连技术发展. 电光与控制, 2009(4): 1-6.

[136] Zhou X, Xiong H G, Feng H E, Hybrid partition and network-level scheduling design for distributed integrated modular avionics systems. Chinese Journal of Aeronautics, 2020, 33(1): 308-323.

[137] Ramsey J W. Integrated modular avionics: less is more. Avionics Magazine, 2007(4): 2007.

[138] ARINC Electronic Engineering Committee. ARINC653: Avionics Application Software Standard Interface, Annapolis, MD, Aeronautical Radio, Inc, 2006.

[139] ARINC Electronic Engineering Committee. ARINC 664p7: Aircraft Data Network, Part 7, Avionics Full Duplex Switched Ethernet (AFDX) Network, Annapolis, MD, Aeronautical Radio, Inc, 2005.

[140] Christopher B, Watkins, Randy W. Comparing two industry game changers: Integrated modular

avionics and the iPhone. IEEE/AIAA Digital Avionics Systems Conference, IEEE, 2009.

[141] Ian M, Allan E, Malcolm J. Civil Avioncs Systems. Reston, Virginia, USA: AIAA Education Series, 2003.

[142] David R, Alla H. Discrete, Continuous, and Hybrid Petri Nets. Berlin, Heidelberg: Springer, 2010.

[143] Murata T. Petri nets: properties, analysis and applications. Proceedings of the IEEE, 1989, 77(4): 541-580.

[144] Li R, Reveliotis S. Performance optimization for a class of generalized stochastic petri nets. Discrete Event Dynamic Systems, 2014, 25(3): 387-417.

[145] Bonet P, Llad C M, Puigjaner R, et al. PIPE v2.5: a Petri Net Tool for Performance Modelling.

[146] Dingle N J, Knottenbelt W J, Suto T. PIPE2: a tool for the performance evaluation of generalised.

[147] Han R B, Wang S H. Transformation rules from AADL to improved colored GSPN for integrated modular avionics. 11th International Conference on Reliability, Maintainability and Safety Hangzhou, Zhejiang, Oct 26-28, 2016: 1-6.

[148] CDCD Silva. Integrated Modular Avionics for Space Applications: Input/Output Module. PhD thesis, Universidade Technica de Lisboa, 2012: 1-10.

[149] Papadopoulos Y, McDermid J A. Hierarchically performed hazard origin and propagation studies. Journal of Reliability Engineering and System Safety, 1999, 1698: 139-152.

[150] Papadopoulos Y, Walker M, Parker D, et al. A synthesis of logic and bio-inspired techniques in the design of dependable systems. Annual Reviews in Control, 2016(41): 170-182.

[151] Sharvia S, Papadopoulos Y. Integrating model checking with HiP-HOPS in model-based safety analysis. Reliability Engineering and System Safety, 2015(135): 64-80.

[152] Kabir S, Walker M, Papadopoulos Y. Dynamic system safety analysis in HiP-HOPS with petri nets and bayesian networks. Safety Science, 2018, 105: 55-70.

[153] Bozzano M, Papadopoulos Y. A model-based extension to HiP-HOPS for dynamic fault propagation studies. Model-Based Safety and Assessment, 2017, 10437: 163-178.

[154] 董云卫, 王广仁, 张凡, 等. AADL 模型可靠性分析评估工具. 软件学报, 2011, 22(6): 1252-1266.

[155] 高金梁, 张刚, 经小川, 等. 采用 AADL 的软件系统可靠性建模与评估方法. 计算机科学与探索, 2011, 10: 942-952.

[156] Stewart D, Liu J, Cofer D, et al. AADL-Based safety analysis using formal methods applied to aircraft digital systems. Reliability Engineering & System Safety, 2021, 213: 1-14.

[157] Damm W, Döhmen G. Specifying distributed computer architectures in AADL. Parallel Computing, 1989, 9(2): 193-211.

[158] Tiyam R, Abdelouahed G, John M. A modeling and verification approach to the design of distributed IMA architectures using TTEthernet. Procedia Computer Science, 2016, 83: 229-236.

[159] Xu J, Woodside M, Petriu D. Performance Analysis of a Software Design Using the UML Profile for Schedulability, Performance, and Time//Kemper P, Sanders W H. Computer Performance Evaluation. Modelling Techniques and Tools. TOOLS 2003. Lecture Notes in Computer Science,

vol 2794. Berlin, Heidelberg: Springer.

[160] SAE AS5506/3. Architecture Analysis and Design Language (AADL) Annex D: Behavior Model Annex. SAE International, 2017.

[161] Iwu F, Toyn I. Modelling and analysing fault propagation in safety-related systems. Software Engineering Workshop. 28th Annual NASA Goddard. Greenbelt, MD, USA. IEEE, 2004.

[162] Grunske L, Han J. A comparative study into architecture-based safety evaluation methodologies using AADL's error annex and failure propagation models. High assurance systems engineering symposium, 2008: 283-292.

[163] 苏威. 基于 AADL 的嵌入式软件系统验证技术研究. 西安: 陕西师范大学, 2015.

[164] Rugina A, Kanoun K, Kaaniche M. An architecture based dependability modeling framework using AADL. iasted int.conf.on software engineering & applications, 2007: 222-227.

[165] Rugina A. Dependability Modeling and Evaluation--From AADL to Stochastic Petri Nets in Systems Informatiques (Ph.D. Thesis). Inistute National Polytechnique de Toulouse, 2007.

[166] Rugina A, Kanoun K, Kaâniche M. The ADAPT tool: from AADL architectural models to stochastic petri nets through model transformation. Proceedings of the 2008 seventh European dependable computing conference. IEEE Computer Society, Washington, DC, USA, 2008.

[167] Berthomieu B, Bodeveix J P. Formal verification of AADL specifications in the Topcased environment. Reliable Software Technologies–Ada-Europe. Springer, 2009: 207-221.

[168] Wang P, Zhao C X, Yan F. Research on the reliability analysis of the integrated modular avionics system based on the AADL error model. International Journal of Aerospace Engineering, 2018, 2018(PT.1): 9358461.1-9358461.11.

[169] Liu Y, Shen G, Wang F, et al. Research on aadl model for qualitative safety analysis of embedded systems. International Journal of Multimedia & Ubiquitous Engineering, 2016, 11(6): 153-170.

[170] Zhang W B. An analysis tool towards fault tolerance systems based on AADL error model. International Journal of Performability Engineering, 2017, 13(6): 844-853.

[171] Akmeliawati R, Mareels I. Flight control systems, practical issues in design and implementation. Automatica, 2002, 38(12): 2191-2193.

[172] Feiler P H.Open Source AADL Tool Environment (OSATE). AADL Workshop, Paris, 2004.

[173] Rugina A E, Kanoun K, Kaâniche M. A system dependability modeling framework using AADL and GSPNs. Architecting Dependable Systems IV, 2007: 14-38.